配电网源网荷储规划实践

《配电网源网荷储规划实践》编委会　编

中国电力出版社
CHINA ELECTRIC POWER PRESS

内 容 提 要

在全球化能源转型和可持续发展的大背景下，配电网作为电力系统的重要组成部分，其规划与运行管理面临着前所未有的挑战与机遇。为了应对这些挑战，促进配电网与高渗透率分布式电源的协调发展，组织编写了《配电网源网荷储规划实践》。全书共分为6章，分别为概述、分布式光伏电源技术基础、储能原理与技术、需求侧响应技术、不同光伏渗透率下考虑需求响应的配电网储能双层规划、计及储能和线路裕度的含分布式光伏配电网扩展规划。

本书在编写过程中，采用理论与实践相结合的方法，深入分析了国内外在配电网源网荷储规划领域的最新研究成果，并结合工程案例，使内容既有理论深度，又有实践指导价值。本书可作为从事配电网规划专业员工的专业书籍，也可作为相关专业学者的参考用书。

图书在版编目（CIP）数据

配电网源网荷储规划实践/《配电网源网荷储规划实践》编委会编. -- 北京：中国电力出版社，2024. 9. -- ISBN 978-7-5198-9062-9

Ⅰ. TM715

中国国家版本馆CIP数据核字第20243ZT392号

出版发行：中国电力出版社
地　　址：北京市东城区北京站西街19号（邮政编码100005）
网　　址：http://www.cepp.sgcc.com.cn
责任编辑：邓慧都（010-63412636）
责任校对：黄　蓓　朱丽芳
装帧设计：郝晓燕
责任印制：石　雷

印　　刷：北京雁林吉兆印刷有限公司
版　　次：2024年9月第一版
印　　次：2024年9月北京第一次印刷
开　　本：710毫米×1000毫米　16开本
印　　张：10.25
字　　数：165千字
定　　价：50.00元

本书编写组

主　　编　徐　建

副主编　白永祥　李忠民

编写人员　高丽萍　米　阳　闫　珺　刘现伟
王希伟　王小乐　尚　喆　周　燕
佘彦杰　徐文滔　周　杰　朱莉莉
刘卫民　王　冰　谷明哲　燕少鹏
陈　帆　赵　健　韩海伟　高玉祥
张江涛　贾梦青　刘丽丽　杨世辉
李雅琳　李晨露　李展高　崔　凯
蔡　莹

前　言

在全球化能源转型和可持续发展的大背景下，配电网作为电力系统的重要组成部分，其规划与运行管理面临着前所未有的挑战与机遇。为了应对这些挑战，促进配电网与高渗透率分布式电源的协调发展，组织编写了《配电网源网荷储规划实践》。随着分布式光伏等新能源的快速发展，配电网的规划与运行管理正经历着深刻的变革。现状表明，储能技术和需求侧响应已成为提升配电网灵活性、促进新能源消纳的关键手段。展望未来，配电网的智能化、数字化转型将是大势所趋，而本书旨在为这一进程提供理论和技术支持。

本书在编写过程中，采用理论与实践相结合的方法，深入分析了国内外在该领域的最新研究成果，并结合工程案例，使内容既具有理论深度，又具备实践指导价值。本书系统地总结和分享了在配电网源网荷储规划方面的研究成果和实践经验，以期为行业内的专业人士和学者提供参考和借鉴。

全书共分为 6 章，每一章都围绕配电网储能规划的关键问题进行深入分析。第 1 章介绍了分布式光伏的发展趋势、光伏对配电网的影响以及储能规划研究现状。第 2 章重点介绍了分布式光伏电源的组成结构，包含光伏组件、逆变器、太阳跟踪控制系统、储能电池、充放电控制器、变压器等。第3章主要介绍储能的原理与技术，包括储能的作用与分类。第4章介绍需求侧响应的原理与技术，包括需求侧响应的意义和分类。第5章提出光伏不同渗透率下考虑需求响应的配电网储能双层规划方法，得到光伏不同渗透率下的储能配置方案。第6章提出了计及储能和线路裕度的含分布式光伏配电网扩展规划模型以模拟实际工况，实现配电网储能与线路协同规划。

本书在编写过程中得到了许多同行和专家的宝贵意见和建议，在此表示衷心的感谢。同时，我们也意识到书中可能存在不足之处，恳请各位读者不吝赐教，提出宝贵的批评和建议。

最后，感谢所有支持和参与本书编写工作的人员，以及中国电力出版社对本书出版的支持。

本书编者

2024年5月

目　录

第1章　概　　述

1.1　分布式光伏发展趋势

全球范围内的工业化、城市化和能源消耗的不断增加导致了对有限化石燃料的过度依赖，这不仅引发了能源安全问题，还加剧了温室气体排放，加速了气候变化的步伐。为应对能源短缺和气候变化问题，可再生能源发电已成为解决该问题的主要途径。中国自2020年正式提出“3060”双碳目标以来，国家对光伏等新能源的发展极为重视，陆续出台了一系列政策文件以支持新能源产业健康高质量发展。据统计，2023年上半年分布式光伏新增装机容量4096.3万kW，再次超过集中式光伏新增装机容量3746.0万kW。其中，户用增量占比超过一半，达到2152.2万kW，接近2022年全年2525.2万kW的水平，并与2021年全年几乎持平。这与光伏供应链价格下跌有着密切的联系。有关研究表明，光伏产业链价格下降会对整个光伏行业产生积极影响，特别是下游电站的开发运营，能够提高项目收益。

1.1.1　分布式光伏的特点

分布式光伏是一种分散式太阳能发电系统，通常由太阳能电池阵列、电池、充放电控制器、逆变器、交流配电柜、太阳能跟踪控制系统等设备组成。被广泛用于住宅、商业建筑、农业和工业设施，以满足电力需求。在传统集中式光伏系统中，大规模的太阳能电池板安装在一个集中的地点，然后将电能输送到电网中；而分布式光伏装机将光伏电池板分散到多个小规模地点，通常是建筑物的屋顶、停车场、农田或工业设施上。这种分散的布局可以更好地利用空间，减少输电损耗，并提高系统的鲁棒性。分布式光伏发电技术具有以下特点：①利用现有空闲的屋顶资源，安装方便，成本低；②清洁能源，环境效益突出，污染少，分布式光伏发电项目在发电过程中无噪声、空气和水污染；③发电可就地消耗，避免长距离输电带来的损耗问题；④与开垦荒地相比，运维方便，可与建筑的日常维护一起进行。总之，分布式光伏发电强调的是“分布式”和“就地使用”，既可以为电网提供补充电力，也可以在电网故障时为局部提供独立供电，具有较强的灵活性和适应性，对于促进能源结构的优化和提高地方能源自给能力具有重要意义。

根据国家能源局数据，截至2023年12月底，全国太阳能发电累计装机容量达6.1亿kW，如图1-1所示。自2016年来，中国分布式光伏装机容量也在逐年增加，2018年至2023上半年全国累计新增装机容量如图1-2所示。

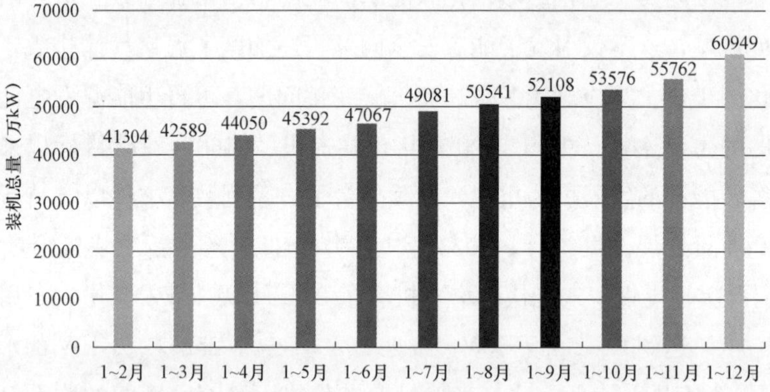

图1-1　2023年全国太阳能发电累计装机容量

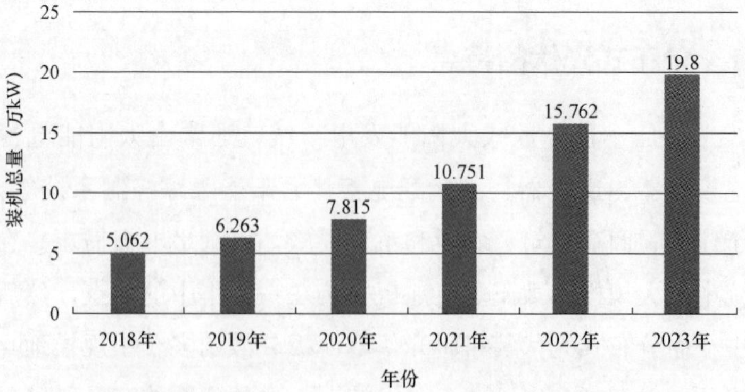

图1-2　中国2018年至2023上半年全国累计新增装机容量

1.1.2　分布式光伏的政策情况

政策环境一直是光伏行业发展的关键推动力。在碳达峰、碳中和的顶层设计指引下，国家各部门积极贯彻党中央国务院的决策部署，开展了一系列工作，通过指导装机规模、持续加强行业规范引导、加强行业统筹谋划、制定行业标准、提供财政补贴与政策优惠、推动产业技术进步等举措，优化产业发展，加快了光伏的全球化部署。目前国家层面出台了许多重要的光伏政策，其中国家能源局对《光伏电站项目管理暂行办法》（国能新能〔2013〕329 号，简称《暂行办法》）进行了修订，印发了《光伏电站开发建设管理办法》（简称《管理办法》）。《暂行办法》自实施以来，在规范光伏电站的开发建设秩序，促进光伏行业实现由小到大到强、由跟跑到并跑到领跑的跨越式发展上发挥了积极作用。近年来，随着光伏行业的技术进步与成本下降、碳达峰碳中和目标的提出等举措，光伏行业发展环境发生了重大变化：①价格补贴方面，光伏发电已进入平价无补贴发展新阶段，不再享受中央财政补贴；②行业管理方面，国家不再实行规模管理，而是建立规划引领和权重引导机制，各省（区、市）据此安排项目建设规模与储备，制订年度开发建设方案，且由市场机制决定项目的投资主体、建设规模等；③发展制约方面，碳达峰碳中和目标背景下，光伏发电将实现大规模高比例发展，而并网消纳已成为制约光伏发电快速发展的主要因素之一，急需加强网源协调、双向发力。电网企业应主动改进电网的规划设计、建设运行等，光伏企业应积极主动配合做好接网工作；④行业监管方面，目前国家对生态环保、安全生产等方面提出了更高要求，有关方面应加强光伏电站全生命周期的监管工作。同时，光伏行业的蓬勃发展离不开国家政策的支持，政策是光伏行业的“风向标”，对行业发展起着指导性和规范性作用。以下是近几年部分光伏相关政策。

（1）光伏补贴。国家为支持可再生能源发电、促进可再生能源发电行业稳定发展，按照以收定支原则，制定可再生能源发电项目分类型的管理办法，明确项目规模管理以及具体监管措施，对于有管理办法并且纳入国家可再生能源发电补贴规模管理范围的项目，相应给予补贴。电网企业按照要求，定期公布、及时调整符合补助条件的可再生能源发电补助项目清单，其中涉及多项光伏项目。2021 年起光伏发电不再享受中央财政补贴，实行平价上网，但国家鼓励各地出台针对性扶持政策，目前约共有17省50余个市县出台了地方补贴政策，还可享受三免三减半企业所得税优惠。部分光伏补贴政策如表1-1所示。

表1-1　　部分光伏补贴政策

时间	主办单位	规划与政策	主要内容
2023.1	国家电网有限公司	《关于公布第一批可再生能源发电补贴合规项目清单的公告》	受国家发展改革委、财政部、国家能源局委托，现将第一批可再生能源发电补贴合规项目清单予以公布
2023.4	国家电网有限公司	《关于公布2023年第二批可再生能源发电补贴项目清单的报告》	2023年第二批可再生能源发电补贴清单的项目共21个，核准/备案容量1284MW，其中：风力发电项目4个，核准/备案容量548MW；太阳能发电项目14个，核准/备案容量632MW
2023.4	国家电网有限公司	《关于公布2023年第三批可再生能源发电补贴项目清单的报告》	国家电网关于公布2023年第三批可再生能源发电补贴项目清单的报告。公告显示，此次纳入2023年第三批可再生能源发电补贴清单的分布式项目共7117个
2023.6	财政部	《关于下达2023年可再生能源电价附加补助地方资金预算的通知》	规定了2023年可再生能源电价附加补助资金的预算分配方案，明确了补助资金的用途、分配原则和标准，强调了资金的规范使用和管理，以及对地方执行情况的监督检查要求

(2) 光伏项目建设。国家层面围绕清洁低碳、安全充裕、经济高效、供需协同、灵活智能的要求，坚持集中式和分布式开发利用协同并举，推进“光伏+”综合利用，聚焦重点方向开展先行先试，探索建立适应新型电力系统的新模式新业态新机制，加快落实大型光伏项目建设，有序推动项目建成投产，推动光伏产业高质量跃升发展。要立足共性与体现差异性相结合，不仅要满足所有的企业投资项目需要遵守的相关管理规定，执行《企业投资项目核准和备案管理条例》《企业投资项目核准和备案管理办法》等规定，还得结合光伏行

业自身的特殊性，明确备案管理的具体要求。同时，既要实现全国范围内的普遍适用，又充分考虑各省（区、市）的差异性，允许各省（区、市）结合本地实际情况与需要予以落实。部分光伏项目建设政策如表1-2所示。

表1-2　　部分光伏项目建设政策

时间	主办单位	规划与政策	主要内容
2023.2	国家能源局	《关于按月公布和报送户用光伏项目信息有关事项的通知》	保障户用光伏健康有序发展，做好户用光伏信息统计管理工作
2023.6	国家能源局	《关于印发开展分布式光伏接入电网承载力及提升措施评估试点工作的通知》	积极稳妥推进碳达峰碳中和工作，充分发挥分布式光伏在推进我国新型能源体系建设中的积极作用，着力解决分布式光伏接网受限等问题
2023.8	工业和信息化部办公厅	《关于组织开展工业绿色微电网典型应用场景与案例征集工作的通知》	征集工业绿色微电网典型应用场景与案例，重点在钢铁、有色、石化等行业，要求申报项目集成应用如分布式光伏等清洁能源技术，具有显著节能降碳效果，满足一定比例的可再生能源消费量等指标
2023.11	工业和信息化部办公厅等五部门	《关于开展第四批智能光伏试点示范活动的通知》	五部门联合开展智能光伏试点示范活动，旨在促进智能光伏技术进步和行业应用，培育示范企业和项目，推动光伏产业与信息技术深度融合，提升产业发展质量和效率

（3）光伏用地。光伏发电用地一直是行业重点关注的问题，其用地性质、具体适用于哪种用地政策关系到光伏项目的立项、收益以及是否违规等一系列界定和决策。为支持光伏发电产业健康发展，明确用地管理政策，国务院、国土资源部、国家林业和草原局、国家发展改革委、国家能源局、自然资源部、水利部等部门先后制定了若干政策性文件，以指导光伏行业用地有关事宜。《国务院关于印发扎实稳住经济一揽子政策措施的通知》（国发〔2022〕12号）为进一步支持绿色能源发展，加快大型光伏基地建设，规范项目用地管理奠定

了坚实基础。光伏用地政策如表1-3所示。

表1-3　　光伏用地政策

时间	主办单位	规划与政策	主要内容
2022.5	国务院办公厅	《关于促进新时代新能源高质量发展的实施方案》	加快推进以沙漠、戈壁、荒漠地区为重点的大型风电光伏基地建设，促进新能源开发利用与乡村振兴融合发展，推动新能源在工业和建筑领域应用，引导全社会消费新能源等绿色电力
2023.2	自然资源部	关于修订《土地卫片执法图斑合法性判定规则》的通知	为进一步促进土地卫片执法工作常态化、规范化和制度化，充分发挥卫片执法在保护耕地、维护自然资源管理秩序等方面的重要作用
2023.4	自然资源部	关于严守底线规范开展全域土地综合整治试点工作有关要求的通知	有效发挥全域土地综合整治优化国土空间格局、助力乡村振兴的积极作用，同时切实防止因实施不当出现突破底线、侵害群众权益
2023.5	自然资源部	《关于深化规划用地“多审合一、多证合一”改革的通知》	加快推进总体规划审批，及时开展详细规划编制或修编，依据规划实施农用地转用和土地征收，实施规划选址综合论证，鼓励同步核发规划许可
2023.6	自然资源部	《关于在经济发展用地要素保障工作中严守底线的通知》	为贯彻落实党中央、国务院关于贯彻新发展理念，推动高质量发展的决策部署，更好地统筹发展与安全，落实最严格的耕地保护制度、生态环境保护制度，坚决防止资源要素保障工作中发生违法违规占用耕地、破坏生态和人居环境、侵害群众合法权益等问题

续表

时间	主办单位	规划与政策	主要内容
2023.12	自然资源部	关于印发《乡村振兴用地政策指南（2023年）》的通知	坚守土地公有制性质不改变、耕地红线不突破、农民利益不受损三条底线，通过优化国土空间格局、强化用途管制、积极盘活存量等系列举措，切实提升自然资源领域服务保障乡村振兴用地的能力

（4）光伏与乡村振兴。近年来，在“双碳”目标叠加乡村振兴战略影响下，大力发展户用光伏已成为一项自上而下的“顶层设计”，受到了国家的重点关注与推进。2021年12月，国家能源局、农业农村部、国家乡村振兴局三部门联合发布了《加快农村能源转型发展助力乡村振兴的实施意见》，提出推动千村万户电力自发自用，壮大农村绿色能源产业，加快形成绿色低碳生产生活方式。2022年6月，国家发展改革委、国家能源局、财政部等九部委联合下发《“十四五”可再生能源发展规划》，提出实施“千家万户沐光行动”，统筹农村具备条件的屋顶或统筹安排村集体集中场地开展分布式光伏建设，建成1000个左右光伏示范村。乡村振兴、共同富裕等一系列重要战略处于快速推进阶段，而发展分布式光伏能够推动能源转型，有效巩固光伏扶贫成果，从多方面助力国家“双碳”目标实现。在国家政策支持下，光伏项目落地乡村，与当地农村发展结合，为促进村民脱贫、巩固脱贫成果、助力共同富裕发挥了重要作用。光伏与乡村振兴政策如表1-4所示。

表1-4　　光伏与乡村振兴政策

时间	主办单位	规划与政策	主要内容
2023.2	中共中央、国务院	《关于做好2023年全面推进乡村振兴重点工作的意见》	坚持农业农村优先发展，坚持城乡融合发展，强化科技创新和制度创新，坚决守牢确保粮食安全、防止规模性返贫等底线，扎实推进乡村发展、乡村建设、乡村治理等重点工作，加快建设农业强国，建设宜居宜业和美乡村

续表

时间	主办单位	规划与政策	主要内容
2023.5	国家发展改革委 国家能源局	《关于加快推进充电基础设施建设　更好支持新能源汽车下乡和乡村振兴的实施意见》	提出加强农村地区充电基础设施建设，优化新能源汽车购买使用环境，丰富新能源汽车供应，提供多元化购买支持政策，强化宣传服务管理，以推动新能源汽车下乡和乡村振兴
2023.7	国家发展改革委 国家能源局 国家乡村振兴局	《关于实施农村电网巩固提升工程的指导意见》	明确到2035年，将基本建成安全可靠、智能开放的现代化农村电网，全面提升农村电力供应保障能力，实现城乡电力服务均等化，支持乡村振兴和农业农村现代化
2023.12	国家能源局综合司 生态环境部综合厅 农业农村部办公厅	《关于公布农村能源革命试点县名单（第一批）的通知》	为进一步推动农村能源转型升级和高质量发展，积累改革试点经验经地方申报、专家评估和部门审核，确定了第一批15个符合条件的农村能源革命试点县

（5）光伏技术进步与创新。为推动光伏产业与新一代信息技术深度融合，加快实现智能制造、智能应用、智能运维、智能调度，全面提升我国光伏产业发展质量和效率，推动实现“双碳”目标，2022年1月，工信部、住建部等五部委印发《智能光伏产业创新发展行动计划（2021—2025年）》，明确提出以智能化、绿色制造为主要发展目标。同时为促进光伏产业优胜劣汰、健康发展，相关监管部门筹备出台多项政策及扶持条款，力争建立良好行业规则和秩序，鼓励技术产品创新，营造光伏行业良性竞争格局。光伏技术与创新政策如表1-5所示。

表 1-5　光伏技术与创新政策

时间	主办单位	规划与政策	主要内容
2023.5	国家能源局	《国家能源局关于组织开展可再生能源发展试点示范的通知》	明确了“十四五”期间可再生能源发展试点示范的总体要求、主要目标、示范工程内容、工作要求和组织实施方式。旨在通过示范工程引领，推动可再生能源技术创新和高质量发展，加快构建新型能源体系，助力实现碳达峰碳中和目标
2023.11	国家林业和草原局	《关于发布“三北工程攻坚战关键技术研发”揭榜挂帅项目榜单的公告》	为贯彻落实习近平总书记在加强荒漠化综合防治和推进“三北”等重点生态工程建设座谈会上的重要讲话精神，聚焦亟须科技攻关的关键问题，支撑全力打好三北工程攻坚战，决定组织实施三北工程攻坚战关键技术研发揭榜挂帅项目
2023.11	国家能源局综合司	《关于组织开展第四批能源领域首台（套）重大技术装备申报工作的通知》	深入贯彻“四个革命、一个合作”能源安全新战略和创新驱动发展战略，坚持应用导向、实践检验，以首台（套）示范应用为突破口，畅通技术攻关和工程应用渠道，提升科技攻关成果转移转化和产业化水平，加快推进高水平能源科技自立自强
2023.12	国家发展改革委	《产业结构调整指导目录（2024年本）》	推动制造业高端化、智能化、绿色化，巩固优势产业领先地位，在关系安全发展的领域加快补齐短板，构建优质高效的服务业新体系

1.2　光伏对配电网的影响

配电网是指将电力从输电网或发电站传输到最终用户的电网系统，通常由中压和低压电缆、电线、变压器、开关设备以及其他配电设备组成，通过这些设备将电力从输电网或发电站输送到用户的家庭、工厂、商业建筑等地点。配电网的设计和运营通常考虑到电力需求的变化，以确保在不同时间和不同地点提供可靠的电力供应。随着能源技术的发展，包括智能电表、微型电网和分布式能源资源的集成，配电网也在不断发展和改进，以适应日益复杂和多样化的能源需求。随着太阳能发电技术的不断进步，分布式光伏并网技术已经崭露头角，成为备受全球瞩目的新兴产业。

1.2.1 分布式光伏的应用与意义

分布式光伏发电采用太阳能电池将直流电转换为交流电，直接将阳光中的能量转化为电能，具有分散和无污染等诸多优点，因此在我国得到广泛应用。目前分布式光伏发电主要应用在以下 7 个方面。①住宅和商业用途：分布式光伏电源广泛用于住宅区和商业建筑，用于满足建筑物的电力需求。太阳能光伏板通常安装在建筑物的屋顶或墙壁上，可以为居民和商业企业提供清洁的电力。②农业领域：农场主和农业企业也利用分布式光伏电源，将太阳能用于灌溉系统、农业设备和电力需求。③公共设施：分布式光伏电源可以为学校、医院、政府机构和其他公共设施提供电力，降低电力成本，并减少对传统电网的依赖。④工业和制造业：分布式光伏电源被广泛应用于工业和制造业，以满足高能耗生产设施的电力需求，减少能源成本。⑤农村电力供应：在偏远地区，分布式光伏电源可以为没有可靠电力供应的社区提供电力，改善生活质量，促进社会和经济发展。⑥通信工业应用：主要是太阳能在通信基站和无线电转播站的应用。⑦太阳能光伏产品：如太阳能充电器、太阳能汽车等。

与传统的集中式发电相比较，大规模发展分布式发电接入配电网的意义如下。

(1) 能源安全。大规模分布式发电系统的优势在于提升了能源供应的稳定性和安全性。传统的集中式发电系统通常依赖于少数几个大型发电厂。然而，一旦这些发电厂发生故障或遭受攻击，将对电力供应造成严重影响。相比之下，分布式发电系统由众多小型发电装置组成，分布在不同地点。即使某个分布式发电装置出现问题，其他装置仍可继续提供电力，确保供电的持续性。这种分散式的安排使得系统更加韧性十足，能够更好地抵御突发情况，为能源供应的稳定性和可靠性提供了坚实的基础。

(2) 可持续性。大规模分布式发电系统的推广不仅对可持续能源的发展至关重要，而且对整个能源行业的转型具有深远影响。通过广泛应用如太阳能、风能和生物质能这类可再生分布式发电系统能够减少对有限化石燃料的需求，从而减缓能源资源的枯竭速度，并为未来能源供应的可持续性奠定了基础。此外，分布式发电系统还有助于降低温室气体排放，有效应对气候变化挑战，为实现碳中和目标作出了重要贡献。在环境保护方面，分布式发电系统的应用也带来了显著的好处。相比于传统的集中式发电方式，分布式发电系统更加灵活且适应性更强，能够根据当地资源和需求进行调整，减少了能源运输和损耗，降低了能源系统的整体环境负担。同时，通过将可再生能源与分布式发电系统相结合，可以有效降低对水资源和土地的需求，减少生态系统破坏，促进生态环境的持续健康发展。除此之外，分布式发电系统的普及还为能源存储技术的发展提供了更广阔的应用场景。能源存储技术可以帮助平衡能源供需之间的差异，解决可再生能源的间歇性和不确定性问题，进一步提高了电力系统的稳定性和可靠性。通过将分布式发电系统与先进的能源存储技术相结合，可以构建更加智能、高效的能源管理系统，为实现能源供应的可持续发展目标提供了可行性和可靠性保障。

（3）能源效率。大规模分布式发电系统具有更高的能源效率。由于分布式发电通常更接近能源使用地点，减少了配电网输电和配电损耗。此外，分布式发电系统可以更好地适应不同的负荷需求，因为可以根据需要灵活调整发电量，这大大降低了能源的浪费，提高了配电网的能源利用效率。

（4）投资分散。分布式发电系统的建设和维护过程相比传统的集中式发电项目更为灵活，这也意味着投资方面更容易实现分散化。传统的集中式发电项目通常需要庞大的资本投入，并且在建设过程中需要一次性完成所有工作。然而，分布式发电项目可以逐步建设、逐步扩展，使得资金投入可以分阶段进行，降低了投资的风险。这种逐步扩展的方式为更多的投资者和小型企业提供了参与机会，降低了市场进入门槛，促进了竞争和创新。

（5）提高能源可及性。大规模分布式发电系统对于提高能源的可及性至关重要，尤其是对于偏远地区和发展中国家。在这些地区，传统的集中式发电设施的建设可能面临着各种困难，如地形复杂、基础设施不完善等。然而，分布式发电系统可以更容易地满足这些地区的电力需求，从而提高当地居民的生活质量，促进经济的发展。对配电网而言，分布式发电系统也提供了更多的选择。分布式发电系统的引入使得配电网可以更加灵活地管理电力供应和需求，有效应对不同地区和时间段的电力需求变化，从而提高整个配电系统的稳定性和可靠性。

尽管分布式光伏发电具备上述优势，但其接入配电网却带来一些不利影响。

1.2.2 光伏接入对配电网的影响

在现代能源转型的背景下，分布式光伏技术逐渐崭露头角，为可持续发展提供了重要支持。然而，将分布式光伏系统与传统配电网相融合，也为配电网带来了不利影响。光伏发电系统的输出功率波动较大，会对电网的运行产生一定的影响。配电网是电力系统的重要组成部分，它将电力从传输网输送到最终用户。配电网的稳定性、可靠性和效率对电力供应至关重要。光伏发电作为一种分布式发电方式，直接接入配电网，对其运行和管理提出了新的挑战。受到光照强度、温度等因素的影响，光伏发电系统的输出功率呈现随机性和间歇性特征。光照强度和温度的变化会导致光伏电池组件输出功率的波动。连接太阳能电池板与配电网络时，由于光照强度和温度分布不均匀，造成明显的波动，引发光伏发电系统输出功率的较大随机变化。目前，在我国广泛采用太阳能跟踪式并网光伏发电系统。当光照强度发生变化时，系统根据电压水平进行调节输出。此外，天气条件、阴影覆盖、污染和光伏组件的老化等因素都可能对发电输出功率产生影响。下面将详细介绍光伏接入对配电网的影响。

（1）对配电网电压质量的影响。分布式光伏发电接入配电网后，由于其抗干扰能力较差，会受到环境变化的影响，对供电质量产生很大的负面影响，其主要负面影响包括：分布式光伏电源渗透率较高，且容易受云层遮挡等因素影响，导致分布式光伏发电输出功率降低，导致多项不稳定的问题发生；由于该方式的抗干扰能力较差，具有明显的随机性特点，在供给侧和配电侧出现负载不平衡时其调节难度较高；分布式光伏发电并网需要接入较多的电子元件，在并网后就会产生较多的谐波分量，从而导致配电网稳定性受到影响；如果配电网中线路或电力设备发生故障，分布式光伏发电系统就会出现单独供电问题，增加故障检修安全隐患，难以保障电能质量。

（2）对短路电流与继电保护的影响。分布式光伏主要与配电网连接，位于电网末端，配电网出现短路故障时其短路电压必须来源于系统，分布式光伏连接后必然增加配电网故障时的短路电压，将对配电网中原有的中低压设备产生危害：①分布式光伏并网后改变了配电网潮流大小和走向，加大配电网进行继电保护参数整定时的难度系数；②其提供的短路电压也会影响配电网继电保护装置，可能导致断路器误动或拒动。

（3）光伏对配网自动化的影响。随着我国科学技术的不断进步，配电网自动化技术也在不断完善，其技术水平也逐渐提高，已经得到了广泛应用。由于分布式光伏发电系统具有随机性和间歇性的特征，其接入配电网将对配电网的自动化带来一些影响。一方面，分布式光伏发电系统与配电网连接后，会给配电网带来更大的保护难度。当分布式光伏发电系统与配电网连接后，配电网的保护装置可能无法正确完成工作，从而不能及时对故障进行处理。另一方面，在分布式光伏发电系统接入配电网之后，会导致配电网的馈线出现潮流反转的现象，从而使配电网处于非最优运行状态从而引发故障。另外，分布式光伏发电系统接入配电网后，会产生谐波和电压暂降等现象，这些现象出现时会影响到配电网自动化技术的正常运行。因此在实际应用中应该尽量减少分布式光伏发电系统与配电网的交互作用，以分布式光伏发电系统的特性为基础，分析其接入配电网后所产生的影响，有利于充分利用光伏发电的益处，减少其对配网自动化的影响。

（4）光伏对配电网谐波的影响。分布式光伏发电系统并网后，分布式电源将产生大量的谐波。因为分布式电源并网点处的谐波电流都是通过配电变压器输出，在其并网处会产生谐波电流，导致配电网中谐波含量增加。如果不能进行有效的治理，可能会出现谐波电压和电流过大、电压不稳定等问题。分布式电源产生的谐波也可能会使电力系统出现谐波放大和谐波畸变现象。若采用三相不平衡电力系统时，可能会使电网中出现三相不平衡的现象。当系统电压幅值一定时，不平衡度越大，三相电压偏差越大，可能会影响配电网的安全运行。此外，光伏发电系统还会产生大量的谐波电流，使电力系统出现谐波放大和畸变现象。

（5）光伏对配电网投资的影响。分布式光伏发电系统所发电能通过配电网传输，造成配电网投资过大，具体表现为：

1）分布式光伏发电系统采用了大量的无功补偿装置。在配电网中需要用无功补偿设备来平衡无功功率，从而保障配电网能够正常运行。然而由于分布式光伏发电系统中的无功补偿设备数量过多，因此需要耗费大量的无功功率，导致配电网的有功功率输送不足，影响了配电网的运行可靠性，在发生故障时还需要对其进行合理的调压，从而降低了配电网运行可靠性。

2）分布式光伏发电系统中需要配置大量的有源滤波器。通过配置有源滤波器可以减少对线路的损耗，提高配电网的输送功率。

（6）光伏对配电网潮流的影响。配电网是电力系统中的一个重要组成部分，主要负责将电力从输电网或地区发电厂分配到各个用户，一般采用闭环设计、开环运行、结构一般呈放射状。在传统配电网中，用户侧没有接入电源，因此配电网的潮流分布方向稳定，在光伏电源并网后，配电网转变为多电源结构，潮流方向发生波动，可能会不仅仅由变电站母线流向负荷，甚至在光伏电源接入容量较大的情况下产生反向潮流，从而改变配电网的电压分布情况。最终配电网的潮流大小及方向受光伏电源的接入点、容量和配电网结构约束，考虑到光伏电源本身波动性随机性大的特点，其输出功率的波动也会使得系统潮流具有一定的随机性。

（7）光伏接入对配电网规划的影响。随着越来越多的分布式电源接入到配电网络中，集中式发电所占比例将有所下降，电力网络的结构和控制方式可能会发生很大的改变，这种改变带来的挑战和机遇将要求电力网络从设计、规划、营运和控制等各方面进行升级换代。在可以预见的将来，大量被消费的电能将来自于低压配电网络，提前对配电网络的结构进行升级换代和优化显得尤为重要，例如如何使配电网络的结构适应网络电流逆向和正向的流动。另外，大量分布式光伏电源接入配电网后，用户侧可以主动参与能量管理和运营，使传统配电网运营费用模型不再适用。因此，一方面面临电力市场自由化和解除管制的压力，另一方面诸如光伏发电在内的可再生能源不再享有以往的政策支持和财政激励，使得配电网在保证供电质量和可靠性方面面临越来越大的压力。

（8）光伏对配电网网损的影响。分布式光伏电源接入配电网后，对网损的影响是双面的，既有可能增大网损，同样也有可能降低网损，这取决于系统的潮流走向。具体如何影响网损主要有以下几个方面。

1）分布式光伏电源接入配电网后，倘若分布式光伏电源提供的功率大于接入点线路处所有负荷消耗的总功率，则此时线路损耗将有所降低。

2）若配电网中所有公共连接点处的负荷消耗总功率大于系统中分布式光伏电源输出总功率，此时若要使网损降低，则需满足系统中至少存在一个节点处负荷消耗功率小于此处节点处接入的分布式电源所能够提供的输出功率。满足条件后，虽然部分支路的网损有所增加，但是配电网的总网损将会降低。

3）配电系统公共连接点处的负荷消耗总功率如若达不到分布式光伏电源所能提供的总功率的一半，将会造成系统网损的增加，超过则降低。

1.2.3 降低分布式光伏发电对配电网影响的对策

经过多年的发展，光伏行业已经趋于成熟，新技术使转化率不断提高，同时产业链整合则使成本不断降低，“降本提效”催熟了光伏行业商业化条件，市场化商业模式已经打通，光伏发电进入平价上网时代。然而随着分布式光伏的大规模发展对配电网规划运行产生了较大的影响，需对配电网进行合理改造得以适应光伏接入。配电网改造的目标如下：

（1）配电网改造的首要目标之一是提高电网的稳定性和可靠性。通过引入智能微网、新型逆变器技术和储能系统等措施，能够有效平衡分布式光伏系统的波动性，避免电压频率偏离标准范围，减少电网的故障风险，保障用户用电需求。

（2）配电网改造旨在最大限度地实现电能的高效利用。新型逆变器技术、预测控制和储能系统等能够调整电能输出，匹配用户负荷需求，不仅有助于降低能源浪费，还能有效降低电网的负荷峰值，减轻电网压力。

（3）配电网改造的目标之一是促进清洁能源，特别是光伏发电的广泛应用。通过分布式光伏系统的接入，电网可以获取更多的可再生能源，减少对传统化石能源的依赖，推动能源结构的升级和碳排放的减少。

（4）配电网改造还追求电网的智能化升级。智能配电网管理系统、数据监测与管理系统等技术的应用，使得电网能够实现实时监测、分析和调控，提升电网的运行效率，为未来能源管理提供了更多可能性。

分布式光伏并网在配电网中的应用，能够通过清洁型能源代替传统能源发电，解决能源损耗问题和环境污染问题，但是也可能因为电能质量过低、电网控制不良、“孤岛”效应的产生等，导致配电网受到影响。因此，在新时期下需要深入分析和研究分布式光伏并网对配电网产生的影响，探索最佳的解决措施，为配电网中分布式光伏并网技术的良好应用和配电网的良好运行夯实基础。因此对降低分布式光伏并网对配电网的危害提供以下几点对策：

（1）变电站间隔扩建。在现有变电站之间增加新的变电站，可以有效分担光伏发电系统引入的电力负荷，降低电网压降和线损，从而提高电网的负载能力和稳定性。新建的变电站可以更精确地匹配光伏系统的电能输出，确保电网电压在正常范围内，这项措施不仅改善电能传输效率，也为清洁能源的大规模并网提供了坚实支持，推动电力系统向可持续发展迈进。

（2）线路改造分析。光伏系统的接入可能引发线路电流波动，影响电网稳定性。通过对线路容量进行评估和升级，可以适应光伏系统的功率波动，减少线路过载风险。此外，采用低阻抗线材、优化线路布局等技术手段，降低线路电阻，提高输电效率，确保电能顺畅传输。线路改造不仅满足分布式光伏的需求，也为电力系统的现代化转型创造了更稳健的基础。

（3）电力源网荷储一体化。推动分布式新能源就地开发利用，满足终端消费侧绿色用能，尤其在中国东部与南方区域分布式光伏发电开发，以就地利用为主要目的拓展分布式新能源开发应用场景，围绕公共建筑、居住社区、新能源汽车充电桩、铁路高速公路沿线等建筑、交通、农业领域，发展分布式光伏发电多领域融合的新型开发利用模式。通过能源大基地建设实现大跨域连接的需求，在光照资源丰富地区规划大型光伏项目，通过输电线路把富余的光伏绿电送到电力短缺地区，实现跨区送电。另外可进行储能容量配置。分布式光伏接入后，储能容量的合理配置成为确保电能平衡与稳定的关键因素。光伏系统的波动性可能导致电能供需失衡，影响电网的稳定性。储能系统能够在光伏产能高峰时存储过剩电能，并在低谷时释放，平衡负荷波动。通过精确的负荷预测和能量存储需求分析，可以确定储能容量。同时，综合考虑储能系统成本、性能和维护等因素，实现最优的容量配置，保障电网的可靠供电，为清洁能源的融入提供可持续支持。

（4）无功补偿配置。分布式光伏系统的接入可能导致功率因数下降，影响电网稳定性。通过合理配置无功补偿设备，如静态无功补偿器，能够有效调整电网的无功功率，维持功率因数在合适范围内。这有助于降低电网谐波失真，提升电能质量。根据光伏系统的容量、负荷特性等，进行无功补偿容量的评估和配置，可为电网稳定运行提供良好支撑，确保分布式光伏的顺利接入。此外，无功补偿技术的引入还有助于提高电网的电能利用率，减少电网能量损耗，促进电力系统的可持续运行。

(5) 与气象部门合作。加强调控部门与气象部门合作，提升调控精准度。通过加强调控与气象部门合作，开展区域气象预测与分布式电源出力和电网负荷出力预警分析，提前发布地区气候情况和分布式光伏出力预警，一方面，促使运维部门提前做好电网设备保障运维，保障电网设备安全稳定运行，另一方面，提前做好应急预案，开展重点电网设备风险点把控分析，最大程度保障分布式电源消纳和电网设备安全稳定运行。

在光伏发展与清洁能源转型的浪潮下，配电网改造显得尤为重要，通过新型逆变器技术、储能系统的引入以及线路改造、无功补偿配置等方法，成功实现分布式光伏与电网的高效融合，不仅提升了电网的可靠性、稳定性，也促进了清洁能源的普及与应用。分布式光伏装机代表了可再生能源的未来，将在应对气候变化、提高能源独立性和降低能源成本等方面发挥重要作用。

1.3　配电网储能规划

分布式光伏清洁能源将太阳能转化为电能，能够极大地降低能源对传统化石能源的依赖程度，构建以分布式发电为主体的新型电力系统已经成为当下电力系统问题研究的热点。在当前大力开发以及利用分布式光伏的背景之下，由于分布式光伏出力会随着天气的变化而不断变化，因此有太多的不确定性。储能系统（energy storage system，ESS）具备双向调节的能力，具备独特的灵活性，储能可以有效改善配电网系统中的电压质量以及负荷的需求响应，储能系统分布式光伏联合规划能够极大地提高分布式光伏的利用率，有效促进新能源的消纳。分布式光伏等新能源技术正在迅速发展，且分布式电源出力具备不确定性，新能源并网规模迅速扩大，如何提高配电网当中新能源的消纳能力，减少分布式光伏等新能源出力不确定性给配电网带来的影响，提高电能质量以及供电可靠性已经成为新能源并网的关键问题。

1.3.1　储能发展现状

新型储能是建设新型电力系统、推动能源绿色低碳转型的重要装备基础和关键支撑技术，是实现碳达峰、碳中和目标的重要支撑。2021 年 7 月，国家发展改革委、国家能源局印发《关于加快推动新型储能发展的指导意见》（发改能源规〔2021〕1051号）（简称《意见》），《意见》提出到2025年实现新型储能从商业化初期向规模化发展转变，装机规模达3000万kW以上，到2030年，实现新型储能全面市场化发展。《意见》中关于电网侧独立储能的内部包括：

（1）积极推动电网侧储能合理化布局。提升大规模高比例新能源及大容量直流接入后系统灵活调节能力和安全稳定水平。在电网末端及偏远地区，建设电网侧储能或风光储电站，提高电网供电能力。围绕重要负荷用户需求，建设一批移动式或固定式储能，提升应急供电保障能力或延缓输变电升级改造需求。

（2）明确新型储能独立市场主体地位。研究建立储能参与中长期交易、现货和辅助服务等各类电力市场的准入条件、交易机制和技术标准，加快推动储能进入并允许同时参与各类电力市场。因地制宜建立完善“按效果付费”的电力辅助服务补偿机制，深化电力辅助服务市场机制，鼓励储能作为独立市场主体参与辅助服务市场。鼓励探索建设共享储能。

（3）建立电网侧独立储能电站容量电价机制，逐步推动储能电站参与电力市场；研究探索将电网替代性储能设施成本收益纳入输配电价回收。完善峰谷电价政策，为用户侧储能发展创造更大空间。

2022年我国出台《“十四五”新型储能发展实施方案》（发改能源〔2022〕209号）（简称《方案》），为推动“十四五”新型储能规模化、产业化、市场化发展作出了总体部署。《方案》指出，“新能源＋储能”、常规火电配置储能、智能微电网等应用场景不断涌现，对能源转型的支撑作用初步显现。在政策鼓励和市场需求推动下，我国新型储能迎来爆发式增长。国家能源局数据显示，截至2023年底，全国已建成投运新型储能项目累计装机规模达3139万kW/6687万kWh，平均储能时长2.1h。2023年新增装机规模约2260万kW/4870万kWh，较2022年底增长超过260%，近10倍于“十三五”末装机规模。从区域分布看，华北、西北地区等新能源发展加快的地区新型储能发展也较快，其中西北地区占29%，华北地区占27%。根据国家能源局预测，2024年我国并网风电5.3亿kW、并网太阳能发电7.8亿kW，并网风电和太阳能发电合计装机规模将超过煤电装机，占总装机比重上升至40%左右，部分地区新能源消纳压力将进一步凸显，储能的市场需求空间进一步打开。

近些年来，由于自然灾害的频发，配电网的稳定性成为现代经济和社会运行的关键。配电网作为基础设施的核心，对于维持社会正常运作和国家经济的发展至关重要。因此，自然灾害引起的电力系统大规模中断或崩溃将对国家经济带来严重影响。随着储能技术的日趋成熟和储能电池成本的持续下降，储能设备在配电网中的应用比例不断增加。储能设备以其灵活的容量配置、快速的响应速度和稳定的输出功率而受到青睐，在日常运行中主要用于调峰、调频、缓解阻塞、电压支持和无功功率控制等方面。在发生大面积停电时，储能设备还可以作为紧急电源，为关键负荷点提供电力保障。目前，研究人员正致力于研究如何通过储能系统增强电网的韧性。储能设备作为分布式电源系统的重要组成部分，不仅在增强电网韧性方面发挥着关键作用，而且还能在日常运行中有效减少配电网的能量损失。这是因为供电网络的损耗不仅与负载的大小有直接关系，还与储能设备的优化布局密切相关。

分布式储能在中低压配电网中的应用广泛，包括频率调节、静态电压稳定、暂态电压稳定、弹性支撑、功率调节等，但配电网储能规划所存在的问题仍不可忽视：

（1）储能设备规划问题。在新型电力系统下的配电网规划中，储能设备规划是一个重要问题，引入储能设备可以提高电力系统的灵活性和稳定性，但也带来一系列挑战和问题。①储能设备规划涉及容量和数量。在新型电力系统中，储能设备的规划需要考虑负荷、供电能力以及分布式能源的变化情况。储能设备容量过小无法满足需求，容量过大则会造成资源浪费。因此，储能设备规划需要进行准确的负荷和能源调度分析，以确定最适宜的储能设备容量和数量。②储能设备规划问题还涉及储能技术的选择。目前，市场上有多种储能技术，包括锂离子电池、铅酸电池、超级电容器等，每种储能技术都有其独特的特点、优势和限制。储能设备规划中需要考虑电池的能量密度、功率密度、寿命、成本等因素，选择最合适的储能技术。同时，也要密切关注储能技术的发展，以及时更新。③储能设备规划问题还需要考虑市场机制和政策支持。储能设备的引入需要合理的市场机制以激励其投资和运营，同时，政策支持也对储能设备的规划和应用具有重要影响。因此，在储能设备规划中，需要综合考虑市场机制和政策支持，确保储能设备规划符合市场需求和社会发展要求。

（2）负荷侧管理问题。在新型电力系统中，配电网规划面临着一系列问题，负荷侧管理问题是其中之一，对于电力系统的可靠性和经济性具有重要影响。①现阶段储能的成本相对较高，通过对需求侧的管理和控制使负荷来适应新能源出力的波动，能够使新能源得到有效利用，对降低储能调节容量的需求，提高配电网的经济效益具有十分重要的意义。随着电力市场的成熟以及信息通信技术、智能用电技术的发展与完善，需求侧资源的作用也正在被重新认识。用户可以通过与电网的双向互动，对价格信号与激励机制进行需求响应，改变其固有的用电模式。通过需求响应可引导用户在负荷高峰或者电力供应紧张情况下减少用电，在负荷低谷时段增加用电，进而提高系统的负荷率，降低尖峰负荷出现的概率与频率。从长期影响来看，需求响应可改变负荷运行模式，减少系统峰荷需求，降低设备容量附近的最大需求，相当于为电力用户提供电能储备，起到延缓电力建设的作用，减少或推迟电网储能建设投资。②含高比例分布式电源的配电网负荷需求和分布式电源出力具有波动特性。如果不考虑需求侧响应，则配电网对分布式电源的调节需求全部由储能承担；当考虑需求侧响应时，需求侧响应通过转移负荷把负荷的峰值区负荷转移到谷值区，从而降低了配电网对储能调节容量的需求。此时，配电网中分布式电源、储能和需求侧资源共同提高了配电网的供电充裕性，进而降低了配电网的变电容量。因此，需求侧响应对提升配电网的供电充裕性，减少配电网储能的配置容量至关重要，研究考虑需求侧响应的分布式光伏和储能联合规划具有重要意义。

1.3.2 配电网储能规划研究现状

配电网储能规划是在考虑一系列关键因素的基础上进行的系统性规划，旨在提高电力系统的运行效率和可靠性。①需进行负荷需求分析，包括对负荷的季节性、日内变化以及未来增长趋势的评估，以确定储能系统的容量需求和运行模式。②需要考虑可再生能源的集成，如太阳能和风能，储能系统可以帮助平衡这些可再生能源的波动性，提高供电的稳定性。③需要分析电价结构，以确定最佳的储能运行策略，例如在低电价时充电，在高电价时放电，以最大程度地节省成本。④考虑系统安全和可靠性，储能系统应提供备用功率，以应对突发负荷或电网故障，确保供电的稳定性。⑤选择适当的运行模式，如周期调度、备用容量、频率调节等，以满足不同的运行需求。

在技术选型方面，需要考虑不同储能技术的特点、成本和寿命等因素，并选择最适合的技术。①确定地理位置和布局，应根据配电网的拓扑结构和负荷分布确定储能设施的最佳位置和布局，以最大程度地提高系统效率。配备先进的监控和控制系统，实时监测储能系统的运行状态，并进行智能调度和控制，以实现最佳的运行效果。②评估储能系统建设和运行可能产生的环境影响，并采取相应的措施进行减缓和补偿。③进行全面的成本效益分析，考虑投资成本、运维成本、节省成本和收益等因素，确定储能系统的经济可行性和优先级。综合考虑以上因素，制定出适合具体配电网的储能规划方案，以实现电力系统的高效、可靠和可持续运行。

随着国家对电网侧储能应用的激励和扶持以及电力市场的进一步开放，我国在完善电网侧储能的建设方面也实现了进一步发展。电网侧储能配置问题，要保证在发挥储能最大效应的同时达到最佳的经济性。即在配置成本最低的前提下，最大限度削峰填谷或为系统提供备用容量。为了达到上述目的就需要合理配置储能的容量、功率，选择储能安装的位置。通过储能的充放电动作，使电网中的功率在时间和空间维度达到平衡。储能还能为系统提供备用容量支持，提高设备利用率，利于电网的安全稳定运行，削峰填谷，缓解功率阻塞，提高新能源消纳水平，也能降低负荷峰值，延缓设备升级上述研究方法可以帮助科研人员、工程师和政策制定者更全面地理解配电网储能的各个方面，优化储能系统的设计和运营，推动清洁能源和电力系统的发展。

随着“双碳”目标的提出，未来配电网中会面临极高比例的光伏等新能源接入，电压越限、潮流返送等问题频繁发生。在充分利用配电网已有调压手段和无功补偿的基础上，由于分布式光伏装机容量太大无法就地消纳，光伏大功率返送导致节点电压越上限。针对此问题，孙东磊等提出了一种基于矩差分析的分布式储能优化配置方法，提出了光伏矩和负荷矩的概念，进而提出了矩差的概念，对矩差和节点电压之间的关系进行了公式推导和理论分析，得出了配电网节点电压与矩差之间的关联关系，并详细阐述了光伏矩和负荷矩的计算方法。针对低压配电网中光伏逆变器无功控制和储能有功控制未充分协调的现状，李圣清等提出基于一致性算法的光伏逆变器和储能分组协调电压控制策略。为了改善配电网电能质量、实现配电网负荷水平的调节，冯侃等提出基于遗传算法的分布式光伏配网储能优化配置方法。考虑光伏并网后会很大程度上引起系统电压升高问题，会对电能质量造成负面影响。针对光伏低压台区存在的弃光、电压越限、三相不平衡以及拓扑和线路参数未知等问题，李文美等提出了数据驱动的光伏低压台区储能优化配置策略。为解决并网光伏发电系统电能质量波动问题，李耐心等提出了基于台区融合终端的光伏储能并网电能质量系统设计方案。分析了分布式储能型光伏并网的基本框架，说明了电能质量监测的基本参数，设计了台区融合终端电能治理方案，分为融合终端配合储能系统电能治理、融合终端配合储能 PCS 电能治理和融合终端配合智能光伏隔离开关电能治理 3 种方案。对大量分布式电源与储能系统接入电网，为有效对配电网系统进行配置、实现其优化经济运行，苏义荣等提出了配电系统中电池储能系统和分布式发电机的最优配置方法，建立混合整数非线性规划模型并采用规划 - 运行分解方法进行求解。为进行电力市场背景下的交直流配电网光伏与储能合理规划，刘顺成等以中、低压交直流配电网运营商为投资主体，提出基于合作博弈的交直流配电网光储协调规划方法。为快速实现直流配电网控制决策，杨云翠等提出了一种含电池储能的直流配电网拓扑优化控制方法。

而针对高渗透率分布式光伏接入配电网后引起的电压波动及功率损耗等问题，何奇等提出一种鲸鱼优化算法来分析配电网中储能系统的选址问题。配电网运行规划问题是一个多样化、不确定性的问题，为了解决这一问题，王灵龙等提出了一种考虑风能—太阳能集群的配电网运行规划方法。为解决光伏出力波动引起的配电网节点电压安全越限问题，提高配电网运行的经济性和最大供电能力，刘杨华等提出了含分布式光伏的配电网储能和无功补偿装置协调多目标优化配置模型。随着未来各类新能源及用户侧需求互动技术引入配电网，配电网电压安全管理将面临更严峻挑战，带来双向潮流、电压越限等运行问题。在此背景下，方斯顿等挖掘网络侧及储能设备的运行灵活性，以限制配电网节点电压波动指数（voltage volatility index，VVI）为目标，提出融合储能能量管理的配电网网络重构方法。在偏远地区配电网中，配电线路的供电半径相对较长，且负荷较为分散，处于配电线路末端的电力用户的电能质量容易受到影响。为此，可在配电系统中接入可移动式储能装置，对配电系统的运行起到一定优化控制作用。丁嘉全详细介绍了基于狼群优化算法的移动式储能运行控制技术，对优化偏远地区配电网的运行状态具有积极意义。分布式储能的合理配置不仅可以实现配电网运行的削峰填谷，而且对提升新能源消纳和确保电网安全、可靠、经济运行具有重要意义。考虑用户侧分布式储能的友好互动，刘欣等研究了含高比例光伏的配电网中分布式储能的分层优化配置问题。

储能与配电网的研究方法促进了配电网的运行，储能与可再生能源的整合也创造了就业机会和产业发展，加速了技术创新和市场竞争。随着更多的研究和发展投入，储能技术的效率将不断提高，成本将继续下降，这将使储能与可再生能源整合成为未来电力系统中的核心要素。最重要的是，储能与可再生能源整合有望在减少全球温室气体排放、实现清洁能源目标以及提高电力系统的适应性方面发挥关键作用。这个整合模型不仅对环境友好，还为能源供应提供了更大的灵活性和可持续性，为我们创造了更加可持续和智能的电力未来。

1.4　本章小结

分布式光伏作为一种日益重要的分布式能源发电方式，在配电网储能发展过程中具有重要意义，伴随着分布式光伏的大规模接入，本章对分布式光伏的发展趋势、光伏对配电网的影响以及储能规划研究现状进行了阐述，具体工作如下：

1.1 节介绍了分布式光伏发展趋势，对分布式光伏的市场和政策进行了概述，对光伏所面临的问题和挑战进行了总结。1.2 节介绍光伏对配电网的影响，给出了详细的解决方案，光伏发电系统的接入对配电网产生多方面影响，包括电压波动、功率平衡、频率控制、电网稳定性和承载能力等方面。因此，为确保光伏系统与配电网的协调运行，需要采取有效的技术和管理措施，以确保电网运行稳定、安全、高效。1.3 节主要讲述了配电网储能规划，与储能相关的政策以及储能的规模，并对储能发展现状和研究方法展开了详细叙述。

参　考　文　献

[1] 陈其珏．分布式光伏市场走向何方［N］．上海证券报，2023-09-12（004）．

[2] 孙乐平，郭小璇，潘晖，等．考虑政策效力影响的分布式光伏装机容量预测［J］．供用电，2023，40（07）：73-81.

[3] 王永利，张吉林，逄博，等．“双碳”目标下的分布式光伏发展前景［J］．科技与创新，2023（15）：59-61.

[4] 王之豪，朱宇翀．分布式光伏并网发电系统接入配电网电能质量分析［J］．光源与照

明，2023（09）：129-131.

[5] 王亚．分布式光伏并网对配电网的影响分析［J］．光源与照明，2023，（08）：135-137.

[6] 温春雪，赵天赐，王鹏，等．计及配电网韧性的储能设备配置规划方法［J］．内蒙古电力技术，2023，41（01）：15-20.

[7] 薛福，马晓明，游焰军．储能技术类型及其应用发展综述［J］．综合智慧能源，2023，45（09）：48-58.

[8] 刘冰．基于光伏发电及储能系统的配电网运行电压优化控制的研究［J］．电气时代，2024，（03）：36-41.

[9] 孙东磊，王耀，张惠雯，等．基于矩差分析的配电网分布式储能优化配置［J］．中国电力，2023，56（12）：31-40.

[10] 李圣清，刘博文，李焕平，等．基于一致性算法光伏逆变器和储能分组协调电压控制策略［J/OL］．太阳能学报，1-8［2024-04-07］．https：//doi.org/10.19912/j.0254-0096.tynxb.2023-0760.

[11] 冯侃，边辉，陈丽娜，等．基于遗传算法的分布式光伏配网储能优化配置研究［J］．自动化仪表，2024，45（01）：64-68.

[12] 郭元皓．基于改进PSO算法的分布式储能系统的配电网运行电压优化研究［J］．电气应用，2024，43（02）：32-38.

[13] 李文美，申亚涛，黄纯，等．数据驱动的光伏低压台区储能优化配置策略［J/OL］．电力系统及其自动化学报，1-9［2024-04-07］．https：//doi.org/10.19635/j.cnki.csu-epsa.001419.

[14] 李耐心，王建伟，李振成，等．基于台区融合终端的分布式储能型光伏并网电能质量研究［J］．机械与电子，2024，42（02）：56-60+68.

[15] 苏义荣，李怀良．含分布式电源及储能系统的配电网最优配置研究［J］．电气自动化，2024，46（01）：5-10.

[16] 刘顺成，何禹清，乔学博，等．基于合作博弈的交直流配电网光储协调规划方法［J］．太阳能学报，2024，45（01）：534-544.

[17] 杨云翠，余力俊，范成刚，等．含电池储能的直流配电网拓扑优化控制方法［J］．自动化应用，2023，64（24）：195-197.

[18] 何奇，苗桂喜，元亮，等．基于鲸鱼优化算法的高渗透率分布式配电网储能选址研究［J］．东北电力技术，2023，44（12）：44-48.

[19] 王灵龙，张璐．基于高渗透率能源的新型储能系统配电网规划方法研究［J］．电气技术与经济，2023（10）：24-28.

[20] 刘杨华，杨悦荣，林舜江．含光伏配电网中储能和无功补偿装置协调的多目标凸优化配置方法 [J]．电力科学与技术学报，2023，38 (05)：22 - 33.

[21] 方斯顿，黄莘杰，孔赖强，等．含储能健康运行域与电压安全约束的配电网重构方法 [J/OL]．中国电机工程学报，1 - 11 [2024 - 04 - 07]．http：//kns. cnki. net/kcms/detail/11. 2107. tm. 20230919. 1453. 015. html.

[22] 丁嘉全．含移动式储能的配电网分层优化控制技术 [J]．自动化应用，2023，64 (17)：85 - 87.

[23] 刘欣，宁新福，金翼，等．配电网分布式储能的分层优化配置方法 [J]．浙江电力，2023，42 (05)：95 - 104.

[24] 王富源．"双碳"背景下分布式光伏投资分析 [J]．财讯，2023 (24)：77 - 79.

[25] 冯军，李登雕，朱旭铭，等．分布式光伏并网对配电网电能质量的影响研究 [J]．中国高新科技，2022 (18)：71 - 73.

[26] 张鑫．分布式光伏并网对配电网的影响与对策研究 [J]．光源与照明，2023，(12)：92 - 94.

[27] 付虎．分布式光伏电源并网及对配电网的影响分析 [D]．华北电力大学，2018.

[28] 刘立群．分布式光伏接入的配电网的影响及改造方法分析 [J]．现代工业经济和信息化，2023，13 (11)：270 - 272.

[29] 刘骁．新型电力系统下的配电网规划研究 [J]．低碳世界，2023，13 (12)：142 - 144.

[30] 王航．考虑储能的分布式光伏接入配电网规划与运行及其求解方法研究 [D]．南昌大学，2024.

[31] 于赓．基于主动配电网的储能配置研究 [D]．北方工业大学，2023.

第2章　分布式光伏电源技术基础

光伏电源技术作为发电技术的杰出代表，其在近年来发展很快。光伏电源是一种将太阳辐射转化为电能的系统，其本质是通过光热转换、光化学转换和光电转换等形式进行能量转换输出。目前，工程应用最广泛的光伏发电原理是“光伏效应”，即通过光的照射来激发半导体中的电子-空穴对，使它们在半导体中产生电流。这一原理是太阳能光伏电池的基础，允许将太阳能转化为可用的电能，光伏效应的应用范围广泛，包括太阳能光伏发电、太阳能热水器、光电二极管等多个领域。

光伏发电可以采用不同的实现形式，包括集中式和分布式两种。集中式光伏发电是一种太阳能发电系统，其中太阳能光伏电池板安装在一个集中的地点，通常是大型太阳能电站，以大规模产生电力。集中式光伏发电系统是将电力集中生成，然后通过输电线路分发到用户或电网。与集中式光伏发电不同，分布式光伏发电是指位于用户附近，所发电能就地利用，以10kV及以下电压等级接入电网，且单个并网点总装机容量不超过6MW的光伏发电项目。最常见的分布式光伏发电是利用太阳能电池板将太阳辐射转化为电能。其基本原理如下：首先太阳能板吸收太阳辐射，当光子撞击电池板表面时，它们释放出电子，被释放的电子在电池板内分离并形成电流，这是通过半导体材料的能带结构实现的；分离的电子流动产生直流电，这是光伏电池板的直接输出。然后，经直流升压达到逆变所要求的电压，并通过逆变器转换成交流电，以适应家庭或工业电网的标准，转换后的交流电经滤波后输送到中低压配电网或直接供给附近负荷使用。并网光伏系统如图2-1所示。

并网光伏系统基本设备包含光伏组件（太阳能电池板）、逆变器、变压器等。

(1) 光伏组件。光伏组件也称为太阳能电池板，是光伏发电系统的核心组

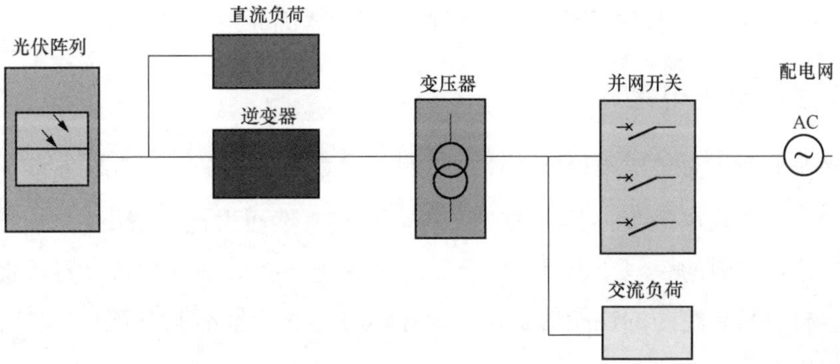

图 2-1　并网光伏系统

件。光伏组件是把若干数量的单体电池以串联和并联方式连接，然后再进行密封成一个整体，让其具有把太阳能转换成电能的装置。光伏组件最上一层为低铁高透钢化玻璃板，具有两个作用：让光线透过照射到电池片；固定太阳能电池片。组件中间一层是由聚合物 EVA（乙烯—乙酸乙烯酯共聚物）和太阳电池组成，EVA 聚合物把太阳电池包裹起来，起到固定及保护太阳电池作用。组件最下一层由抗老化、耐腐蚀同时具有良好的电绝缘性能的合金复合膜组成。

（2）逆变器。逆变器又称变流器、反流器，是光伏系统中将光伏阵列产生的直流电转换为交流电的关键部件，用于适应电力网络的标准。其主要由逆变桥、逻辑控制、滤波电路三大部分组成，包括输入接口、电压启动回路、MOS 开关管、PWM 控制器、直流变换回路、反馈回路、LC 振荡及输出回路、负载等部分。

（3）变压器。变压器是一个电力转换设备，用于将交流电的电压调整为符合电网或用户需求的电压水平。送电时，通常使用变压器将发电机的端电压升高。对于输送一定功率的电能，电压越高，电流就越小，输送导线上的电能损耗越小。由于电流小，则可以选用截面积小的输电导线，能节约大量的金属材料。用电时，再利用变压器将输电导线上的高电压降低，以保证人身安全和减少用电器绝缘材料的消耗。

并网光伏发电系统中，通常可以不配备储能电池，其发电效率主要取决于光伏电池、逆变器的转换效率以及最大功率点跟踪（maximum power point tracking，MPPT）控制策略。本章对此将展开详细介绍。

2.1 光伏电池

光伏电池大多采用半导体固体材料制造，也有采用半导体电解质的光电化学电池，随着技术进步，其种类已变得多样化。然而无论采用哪种材料生产，光伏电池对材料的一般要求是：需要较高的光电转换效率、材料本身不能污染环境、材料具有较高的性能稳定性、半导体材料的禁带不能太宽、材料应便于工业化生产等。

2.1.1 光伏电池的分类

光伏电池可以按照电池结构和电池材料进行分类，具体分类如下。

(1) 按电池结构分类。同质结光伏电池指通过将两种相同或类似的半导体材料层叠在一起而形成一个或多个 P-N 结，这两层材料的晶格结构和电子特性相似，因此称为同质结。

异质结光伏电池是一种太阳能电池，相比于同质结光伏电池，它采用了两种不同禁带宽度的半导体材料，形成异质结，例如硅和镓砷化镓，这样的组合允许更好地匹配太阳光谱，提高效率。异质结光伏电池相比于同质结，通常表现出更高的效率和更好的性能，但也更复杂和昂贵。

肖特基结光伏电池又称肖特基电池，是一种基于肖特基结构的太阳能电池。肖特基结是一种由金属和半导体组成的二极管结构，其中金属是 N 型半导体的接触电极。与普通的 P-N 结不同，肖特基结的形成是通过金属和半导体的直接接触而实现的，而不需要 P 型半导体区域。其工作原理是基于光生电子在半导体中的运动和金属半导体界面的肖特基结。当光子照射到半导体材料上时，光生电子被激发到导带，而空穴则留在价带。这些载流子在半导体中运动，但由于金属半导体界面的存在，电子被注入金属，形成电流。由于金属表面不容易反射光，肖特基结光伏电池通常具有较低的反射损失，这有助于提高光的吸收效率。又由于肖特基结的形成不涉及 P 型半导体，所以它的响应速度相对较高。因此肖特基结光伏电池广泛应用于一些特殊的光电器件中，包括光电探测器、激光器、光通信等。

薄膜光伏电池是一类采用薄膜材料制造的太阳能电池，与传统硅晶体光伏电池相比，薄膜光伏电池更轻薄，可以制造成柔性的可弯曲、可卷绕的电池。又由于其使用的材料较少，制造成本相对较低，而且制造工艺相对简单。随着技术的不断进步，一些新型薄膜光伏电池已经实现了相对较高的转换效率，主要包括多晶硅、非晶硅、碲化镉以及铜钢硒等，其中以多晶硅薄膜光伏电池性能较优。

叠层光伏电池是将两种对光波吸收能力不同的半导体材料叠在一起构成的光伏电池。这种设计允许不同波长的太阳能光子在不同层次的材料中被吸收，从而最大限度地利用光谱范围内的太阳辐射。典型的叠层光伏电池有两到三个不同的材料层次。例如，一种常见的三层结构包括上层吸收短波长的光的材料，中间层吸收中波长光的材料，以及底层吸收长波长光的材料。叠层光伏电池相对于单层光伏电池通常能够实现更高的光电转换效率，因为它们能够更充分地利用太阳光谱中的不同波长。

湿式光伏电池通常指的是一类基于液体电解质的太阳能电池，其中电解质是在电池内部以液体形式存在的。这种类型的电池包括染料敏化太阳能电池（dye - sensitized solar cells，DSSC）和有机太阳能电池。湿式光伏电池通常具有较低的制造成本和较灵活的制备方法，对于弱光照条件下的性能相对较好，并且一些设计还允许电池是透明的，这为一些建筑一体化或特殊用途提供了可能性。

（2）按电池材料的分类。

1）硅型光伏电池：包括单晶硅光伏电池、多晶硅光伏电池、非晶硅光伏电池。其中单晶硅光伏电池的制备采用单一晶体硅材料，通过拉晶法或其他生长方法制备出单一晶体。多晶硅光伏电池使用多晶硅材料。多晶硅是由多个小晶体组成的晶格结构，它的制备成本较低，通过铸造、切割或其他成形方法制备电池片。而非晶硅光伏电池采用非晶硅或微晶硅材料，由非常小的晶体组成的，通常通过化学气相沉积等方法进行制备。单晶硅光伏电池具有相对较高的效率，因为单晶硅晶体结构的无缺陷性质使得电子在晶体中的传输更为高效。这类电池通常呈现均匀的黑色，外观上比较整齐。由于高效性能，单晶硅光伏电池常用于对电池效率有较高要求的应用，例如高端光伏电池板、太空应用等。多晶硅光伏电池的效率相对较低，但生产成本相对较低，因此多晶硅光伏电池在住宅和商业太阳能电池系统中得到广泛应用。非晶硅光伏电池的效率相对较低，但它们具有更好的光电转换效率，因为它们可以更广泛地吸收光谱中的光。由于其更广泛的光谱吸收能力，非晶硅光伏电池常用于一些较为低成本或需要柔性电池的特殊应用，例如柔性太阳能电池片、太阳能电池板等。

2）化合物薄膜光伏电池：以砷化镓为代表的半导体化合物作为吸光层的太阳能电池被称为化合物太阳能电池，例如砷化镓、硫化镉和铜锌锡硫等，这一类薄膜太阳能电池是第二代太阳能电池。其中以砷化镓作为化合物太阳能电池的代表，它的晶体模型与硅相似，并且其带隙约为 1.43ev，使其可以以非常小的厚度吸收阳光，而硅基太阳能电池则需要多于 100μm 的厚度。与晶体硅太阳能电池相比，砷化镓太阳能电池具有更高的太阳能转换效率，最高可以达到 25%～30%。由于砷化镓的原料极其昂贵，限制了其在民用方面的使用与发展。

3）有机光伏电池：光伏电池的主要挑战是找到可以提高效率和耐用性的材料，而不管材料是由什么种类的元素制成的，因此研究人员考虑使用有机材料来开发光伏应用。有机太阳能电池（organic photo voltaic，OPV）由不同的结构组成，其中一些由单层器件或叠层电池制成。有机光伏电池通常使用相对便宜的有机材料，且制造工艺相对简单，制造有机光伏电池的过程中通常产生的环境污染相对较低，符合环境保护的要求。相比于传统的硅型光伏电池，有机光伏电池具有柔性、轻薄、制造成本低等优势。然而，在光伏共轭聚合物中总是存在一些问题，包括改进光谱灵敏度、纳米形态的优化以及电荷载流子迁移率的提高等。在研究并找到合适材料的有机太阳能电池中，主要挑战将是通过新型材料改变其化学性质，并在简化工艺步骤后，改进具有高性能和廉价薄膜的太阳能电池可以制造太阳能电池的技术。然而有机太阳能电池中的有机物的水氧稳定性较差，限制了其大规模的实际应用。

2.1.2 光伏电池的发展历程

在光伏电池的发展进程中可以清晰地观察到从第一代电池到第三代电池的演进，这一过程伴随着对效率、成本和可持续性的不断追求。以下分别对这三代光伏电池的发展背景、发展目标、主要原理以及发展成果进行详细描述。

(1) 第一代光伏电池是从 1954 年美国贝尔实验室研制出第一块半导体光伏电池开始，伴随着化石能源的危机，这一时期人们开始认识到太阳能作为清洁能源的潜力。单晶硅技术是第一代光伏电池的代表，主要应用于太阳能发电系统的早期阶段。2004 年第一代光伏电池约占光伏电池产品市场的 86%。第一代光伏电池的发展目标主要集中在提高单晶硅电池的效率和降低制造成本。其主要原理基于单晶硅的 P-N 结构，通过光生电荷在硅中的分离和电流的形成实现对太阳光的转换。虽然第一代光伏电池在效率和稳定性方面表现出色，但其劣势包括高昂的制造成本、对光照条件敏感以及相对沉重的重量，不适合柔性和轻量化应用。但第一代光伏电池为太阳能电池的基础技术奠定了坚实的基础。

（2）第二代光伏电池的发展起源于 20 世纪 80 年代末至 90 年代初。出于对传统硅型电池制造成本较高的反思，以及对更灵活制备方法的需求，人们不惜以牺牲电池的转换效率为代价来开发薄膜光伏电池。在这一时期，薄膜技术成为研究的热点，非晶硅和硫化镉等薄膜太阳能电池逐渐崭露头角，基于薄膜技术的第二代光伏电池发展起来。第二代光伏电池主要利用了薄膜材料的轻薄性质，实现了更轻薄的设计。薄膜技术的原理是：在薄膜电池中，很薄的光电材料被铺在非硅类材料的衬底上，大大地减少了半导体材料的消耗（薄膜厚度以微米级计），其单元面积为第一代光伏电池单元面积的 100 倍，同时具备易生产的特点，从而大大地降低了光伏电池的成本。构成薄膜光伏电池的材料有很多种，主要包括非晶硅、多晶硅、碲化镉以及铜铟硒，其中以多晶硅薄膜光伏电池性能最优。非晶硅薄膜电池成本更低，但研究发现，单纯用非晶硅薄膜制成的光伏电池受到光的照射以后，材料的性能会退化，即“光疲劳效应”，电池的性能也将变差，特别是转换效率将降低。通常，非晶硅光伏电池的转换效率低于 10%。而多晶硅薄膜光伏电池能在廉价衬底上制造，成本远低于晶体硅光伏电池，其实验室效率也已达 18%，远高于非晶硅薄膜光伏电池的效率。研究表明，多晶硅薄膜光伏电池的光电转换效率逐渐接近单晶体硅光伏电池，并且具有光电性能稳定的特点。第二代光伏电池的发展成果推动了薄膜太阳能电池技术的进步，实现了一定程度的轻量化和柔性化。非晶硅薄膜太阳能电池和硫化镉薄膜太阳能电池等成为代表性的电池类型，应用于住宅和商业太阳能电池系统。

（3）第三代光伏电池的研发起源于 21 世纪初，这一时期科研人员开始探索新型材料和技术，旨在进一步提高光伏电池的效率、降低成本，并开发更具有可持续性的解决方案。第三代光伏电池主要还在概念和简单实验的层次上研究，涵盖多种技术，包括有机光伏电池、钙钛矿太阳能电池、量子点敏化太阳能电池、前后层叠电池、热光伏电池、热载流子电池等。Graetzel 开发了染料敏化太阳能电池用作有机光伏电池中体分布界面思想的延伸，其中多孔二氧化（TiO_2）纳米颗粒形成在致密的 TiO_2层顶部。单层有机敏化剂吸附在 TiO_2纳米颗粒上，带有氧化还原对的液体电解质填充孔隙在光照下，敏化分子产生的激发电子注入二氧化钛的导带。敏化剂由孔隙内液体电解质提供的电子回收。Graeztel 电池证明了产生光伏效应并非需要 PN 结，只要有光生载流子的产生，并且能够及时有效地分离然后输送至外电路，就可以产生光生电流与光生电压。随后量子点太阳能电池（quantum dot solar cell，QDSC）也被研发出来，主要通过硫化量子点、硒化镉量子点等量子点作为吸光层，量子点吸收光之后产生光生载流子，从而达到将光能转化为电能的目的。但量子点太阳能电池的效率目前还比较低，并且原料中含有重金属，对环境污染比较严重。

基于染料敏化太阳能电池的思路，Kojima A 等使用无机—有机卤化物钙钛矿作为染料敏化太阳能电池中的敏化剂，并在 0.96V 的高开路电压下实现了 3.8%的效率。Kim H S 等在 2012 年取得了突破，使用固态空穴传输材料代替液体电解质，实现了 9.7%的效率。此后，有机—无机卤化物钙钛矿太阳能电池因其高的光吸收系数、长扩散长度、低激子复合率和高转换效率而迅速占据研究领域。在短短几年的时间内，钙钛矿太阳能电池的光电转化效率突破了 25%，增长速度之快令其他类型太阳能电池望其项背。因此钙矿太阳能电池有希望成为太阳能电池领域的“Game Changer”。

表 2-1 对比了几种主要的光伏电池的电池效率、组件效率、组件面积、市场份额、寿命等特点。目前光伏市场仍以单晶硅电池和多晶硅电池为主，薄膜光伏电池的效率与寿命有待进一步提高。

表 2-1　几种主要光伏电池的对比

分类	薄膜				晶体	
标准环境下	非晶硅	碲化镉	铜烟硒	非晶硅和微晶硅层叠	单晶硅	多晶硅
电池效率	5%~7%	8%~11%	7%~11%	8%	16%~19%	15%~16%
组件效率					13%~15%	12%~14%

续表

分类	薄膜				晶体	
组件面积 (m^2/kW)	15	11	10	12	7	8
市场份额	和其他合计 2.3%	4.7%	0.5%	5.2%	42.2%	45.2%
寿命	主流非晶硅和微晶硅层叠大于 10 年				20 年以上	

2.1.3　光伏电池模型

光伏电池是光伏发电系统中最基本的电能产生单元，其单体输出电压和输出电流都很低，功率也较小，为此将光伏电池串、并联可构成光伏组件，其输出电压可提高至几十伏；光伏组件经串、并联后得到光伏阵列，进而获得更高的输出电压和更大的输出功率。

常用光伏电池的理想模型如图 2-2（a）所示，在忽略各种内部损耗情况下，由光生电流源和一个二极管并联得到。值得指出的是，这里的二极管不是一个理想型在导通和关断两种模式间切换的开关元件，其电压和电流间存在连续性非线性关系。光伏电池的实际内部损耗可通过在理想模型中增加串联电阻 R 和并联电阻 R 来模拟，如图 2-2（b）、（c）所示。在增加两个电阻的同时，图 2-2（c）给出的电路模型中还增加了一个二极管来模拟空间电荷的扩散效应，称为双二极管等效电路。双二极管等效电路能够更好地拟合多晶硅光伏电池的输出特性，尤其适用于光辐照度较低的条件。

双二极管模型光伏电池输出伏安特性为

$$I = I_{ph} - I_{s1}\left[e^{q(V+IR_s)/kT} - 1\right] - I_{s2}\left[e^{q(V+IR_s)/AkT} - 1\right] - \frac{V + IR_s}{R_{sh}} \quad (2-1)$$

简化单二极管模型对应的伏安关系为

$$I = I_{ph} - I_{s1}\left[e^{q(V+IR_s)/AkT} - 1\right] - \frac{V + IR_s}{R_{sh}} \quad (2-2)$$

式中：V 为光伏电池输出电压；I 为光伏电池输出电流；I_{ph}为光伏电流源电流；I_{s1}为二极管扩散效应饱和电流；I_{s2}为二极管复合效应饱和电流；I_s为二极管饱和电流；q 为电子电量常量，1.602×10^{-19} C；k 为玻尔兹曼常量，$1.381\times$ 1023J/K；T 为光伏电池工作热力学温度值；A 为二极管特性拟合系数，在单

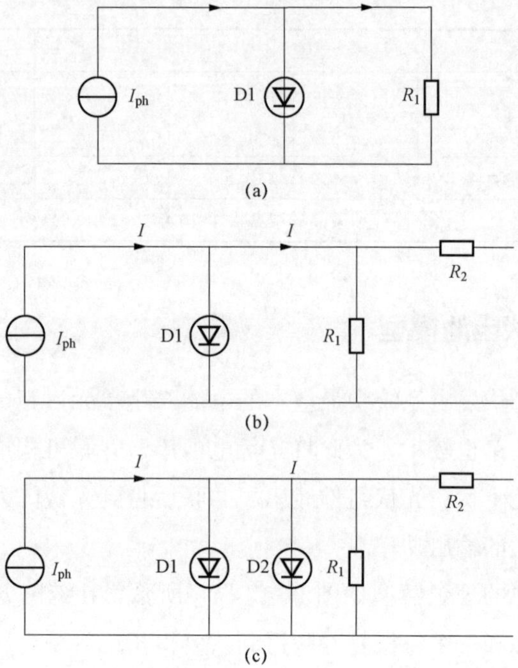

图 2-2　光伏电池等效电路

(a) 光伏电池理想模型；(b) 单二极管等效电路；(c) 双二极管等效电路

二极管模型中是一个变量，在双二极管模型中可取为 2；R_s为光伏电池串联电阻；R_{sh}为光伏电池并联电阻。

当光伏组件通过串、并联组成光伏阵列时，通常认为串并联一起的光伏组件具有相同的特征参数。单二极管模型光伏阵列的等效电路的输出电压和电流的关系见式（2-3）。

$$I = N_p I_{ph} - N_p I_s \{ e^{(q/kT)[(V/N_s)+(IRs/N_p)]} - 1 \} - \frac{N_p}{R_{sh}} \left(\frac{V}{N_s} + \frac{IR_s}{N_p} \right) \quad (2-3)$$

式中：N_s为串联的光伏电池数；N_p为并联的光伏电池数。

若光伏电池采用双二极管等效电路，相应的输出电压和电流的关系见式（2-4）。

$$\begin{aligned} I = {} & N_p I_{ph} - N_p I_{s1} \{ e^{(q/AkT)[(V/N_s)+(IR_s/N_p)]} - 1 \} - \\ & N_p I_{s2} \{ e^{(q/AkT)[(V/N_s)+(IR_s/N_p)]} - 1 \} - \frac{N_p}{R_{sh}} \left(\frac{V}{N_s} + \frac{IR_s}{N_p} \right) \end{aligned} \quad (2-4)$$

光伏电源的输出特性与光辐照度和环境温度密切相关。随着温度的升高，光伏电池的短路电流增大，但开路电压却不断降低，而且明显比电流的变化程度大，因此在光辐照度恒定的条件下，温度越高，最大功率反而越小，而且最大功率点电压变化较大。相比而言，光辐照度的提高对于短路电流、开路电压和最大功率都是增大作用，而且最大功率点电压变化较小，在某些条件下可近似认为不变。

在分布式光伏电源仿真中，光伏电池（或阵列）的主要运行方程由式（2-1）～式（2-4）描述。通过对光伏电池板的输出特性进行测试，可以得到其电压/电流外特性曲线，即I-V曲线，在此基础上进行参数拟合就可以获得上述方程或电路模型中的参数值。一般来说，厂家给出的I-V曲线是在IEC60904规定的条件下得到的。此时，辐照度为1000W/m²，电池工作温度为25℃，即298K，大气质量（air mass，AM）为1.5。考虑到光照和温度影响，当实际光辐照度和温度与标准条件有差异时，需对参数进行一些修正，以式（2-2）为例，其重点修正量为光生电流 I_{ph} 和二极管饱和电流 I_s，修正公式如下

$$I=\left(\frac{S}{S_{ref}}\right)\left[I_{ph,ref}+C_T(T-T_{ref})\right] \tag{2-5}$$

$$I_s=I_{s,ref}\left(\frac{T}{T_{ref}}\right)^3 e^{(qE_g/Ak)[(1/T_{ref})-(1/T)]} \tag{2-6}$$

式中：S 为实际辐照度，W/m²；S_{ref} 为标准条件下辐照度，1000W/m²；C_T 为温度系数，由厂家提供，A/K；$I_{s,ref}$ 为标况下二极管饱和电流，A；E_g 为禁带宽度，与光伏电池材料有关，eV；T 为电池实际工作温度，K；T_{ref} 为标准条件下电池工作温度，298K。

2.2 逆变器

逆变器是电力电子技术的一个重要应用，而电力电子技术又是电力、电子、自动控制、计算机及半导体等多种技术相互渗透与有机结合的综合技术。众所周知，整流器的功能是将50Hz的交流电整流成为直流电，而逆变器与整流器恰好相反，它的功能是将直流电转换为交流电。这种对应于整流的逆向过程，被称为“逆变”。太阳能电池在阳光照射下产生直流电，然而以直流电形

式供电的系统有很大的局限性。例如，日光灯、电视机、电冰箱、电风扇等均不能直接用直流电源供电，绝大多数动力机械也是如此。此外，当供电系统需要升高电压或降低电压时，交流系统只需加一个变压器即可，而在直流系统中升降压技术与装置则要复杂得多。因此，除特殊用户外，在光伏发电系统中都需要配备逆变器。逆变器可以实现光照强度下光伏阵列最大输出功率跟踪，并且跟踪电网电压，调节输出功率的大小和相位，还具备有自动调压或手动调压功能，这样可改善光伏发电系统的供电质量。综上所述，逆变器已成为光伏发电系统中不可缺少的配套设备。

2.2.1 逆变器的主要技术性能指标

（1）额定输出电压。在规定的输入直流电压允许的波动范围内，额定输出电压表示逆变器应能输出的额定电压。对额定输出电压的稳定程度有以下规定：

1）在稳态运行时，电压波动范围应有限定，如其偏差不超过额定值的+5%。

2）在负载突变或有其他干扰因素影响的动态变化情况下，其输出电压偏差不应超过额定值的+8%或+10%。

（2）逆变器应具有足够的额定输出容量和过载能力。逆变器的选用要考虑其具有足够的额定容量，以满足最大负载下设备对电功率的需求。额定输出容量表征逆变器向负载供电的能力。额定输出容量高的逆变器可带更多的用电负载，但当逆变器的负载不是纯阻性时，也就是输出功率因数小于1时，逆变器的负载能力将小于所给出的额定输出容量。

（3）输出电压稳定度。在独立光伏发电系统中均以蓄电池为储能设备。当标称电压为12V的蓄电池处于浮充电状态时，端电压可达13.5V，短时间过充状态可达15V；蓄电池带负载放电终了时端电压可降至10.5V或更低，蓄电池端电压的起伏可达标称电压的30%左右。这就要求逆变器具有较好的调压性能，才能保证光伏发电系统以稳定的交流电压供电。输出电压稳定度表征逆变器输出电压的稳压能力。多数逆变器产品给出的是输入直流电压在允许波动范围内该逆变器输出电压的偏差百分数通常称为电压调整率。高性能的逆变器应同时给出当负载由0～100%变化时，该逆变器输出电压的偏差百分数，通常称为负载调整率。性能良好的逆变器的电压调整率应≤+3%，负载调整率应≤+6%。

(4) 输出电压的波形失真度。当逆变器输出电压为正弦波时，应规定允许的最大波形失真度（或谐波含量）。通常以输出电压的总波形失真度表示，其值不应超过5%。

(5) 额定输出频率。逆变器输出交流电压的频率应是一个相对稳定的值，通常为工频50Hz。逆变器在正常工作条件下，其偏差应在±1%以内。

(6) 负载功率因数。负载功率因数表征逆变器带感性负载或容性负载的能力。在正弦波条件下，负载功率因数为0.7～0.9（滞后），额定值为0.9。

(7) 额定输出电流（或额定输出容量）。额定输出电流表示在规定的负载功率因数范围内，逆变器的额定输出电流。有些逆变器产品给出的是额定输出容量，其单位用VA或kVA表示。逆变器的额定容量是当输出功率因数为1（即纯阻性负载）时，额定输出电压与额定输出电流的乘积。

(8) 额定逆变输出效率。整机逆变输出效率高是光伏发电用逆变器区别于通用型逆变器的一个显著特点。10kW级的通用型逆变器实际输出效率只有70%～80%，将其用于光伏发电系统时将带来总发电量20%～30%的电能损耗。光伏发电系统专用逆变器，在设计中应特别注意减少自身功率损耗，提高整机效率，是提高光伏发电系统技术经济指标的一项重要措施。在整机效率方面，对光伏发电专用逆变器的要求是：千瓦级以下逆变器额定负载的输出效率>80%～85%，低负载的输出效率>65%～75%；10kW级逆变器额定负载的输出效率>85%～90%，低负载的输出效率>70%～80%逆变器的输出效率表征自身功率损耗的大小，通常以百分数表示。容量较大的逆变器，还应给出满负载输出效率和低负载输出效率。千瓦级以下的逆变器效率应为80%～85%，10kW级的逆变器效率应为85%～90%。逆变器效率的高低，对光伏发电系统提高有效发电量和降低发电成本有着重要影响。

2.2.2 逆变器原理与电路结构

逆变器将直流电转化为交流电，是由功率晶体管T_1、T_3和T_2和T_4的交替导通得到的。若直流电压较低，则通过交流变压器升压，即得到标准交流电压和频率。对大容量的逆变电源，由于直流母线电压较高，交流输出一般不需要变压器升压即能达到220V；在中、小容量的逆变电源中，由于直流电压较低，如12V、24V，就必须设计升压电路。中、小容量逆变器电路一般有推挽式逆变器电路、全桥式逆变器电路和高频升压式逆变器电路3种。

（1）推挽式逆变器电路原理如图2-3所示。它将升压变压器的中性抽头接于电源正极，两只功率管交替工作，输出得到交流电。由于功率晶体管公共点接地，驱动及控制电路简单，且变压器具有一定的漏感，可限制短路电流，因而提高了电路的可靠性。其缺点是变压器利用率低，带动感性负载的能力较差。

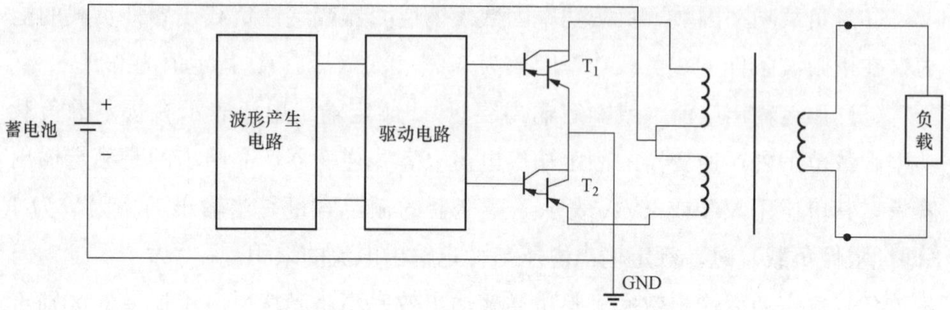

图2-3　推挽式逆变器电路原理

（2）全桥式逆变器电路原理如图2-4所示。它克服了推挽式逆变器电路的缺点，功率晶体管 T_1、T_4 和 T_2、T_3 反相，相位差180°。调节 T_1 和 T_2 的输出脉冲宽度，输出交流电压的有效值即随之改变。由于该电路具有能使 T_2 和 T_4 共同导通的功能，因而具有续流回路，即使对感性负载，输出电压波形也不会畸变。该逆变电源电路的缺点是上、下桥臂的功率晶体管不公共接地，因此必须采用专门驱动电路或隔离电源。另外，为防止上、下桥臂发生共同导通，在 T_1、T_4 及 T_2、T_3 之间必须设计先关断后导通电路，即必须设置死区时间，其电路结构较为复杂。

（3）高频升压式逆变器电路原理如图2-5所示。推挽式逆变器电路和全桥式逆变器电路的输出都必须加升压变压器。由于工频升压变压器体积大、效率低、价格较贵，随着电力电子技术和微电子技术的发展，采用高频升压变换技术实现逆变，可实现高功率密度逆变。这种逆变电路的前级升压电路采用推挽式结构，工作频率均在20kHz以上，升压变压器采用高频磁芯材料，因而体积小，重量轻高频逆变后经过高频变压器变成高频交流电，又经高频整流滤波电

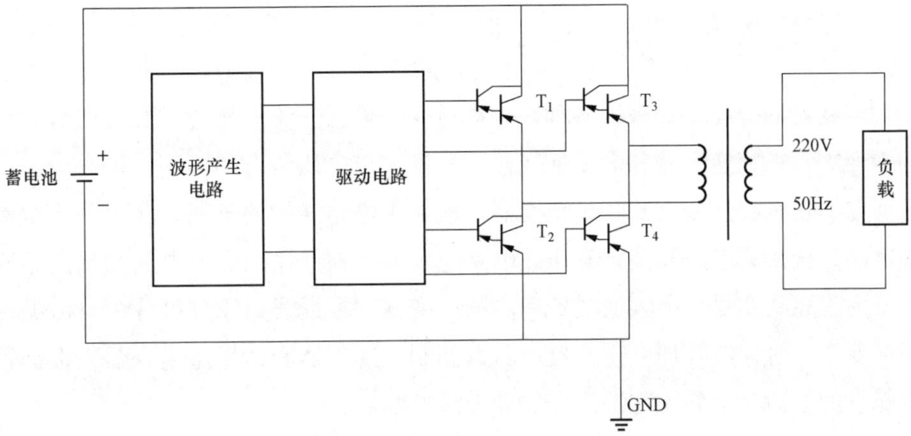

图 2-4　全桥式逆变器电路原理

路得到高压直流电（一般均在 300V 以上），再通过工频逆变电路实现逆变。采用此电路结构可以使逆变器电路功率密度明显提高，大大降低逆变电源的空载损耗，提高效率。缺点是结构复杂，可靠性比上述两种电路低。

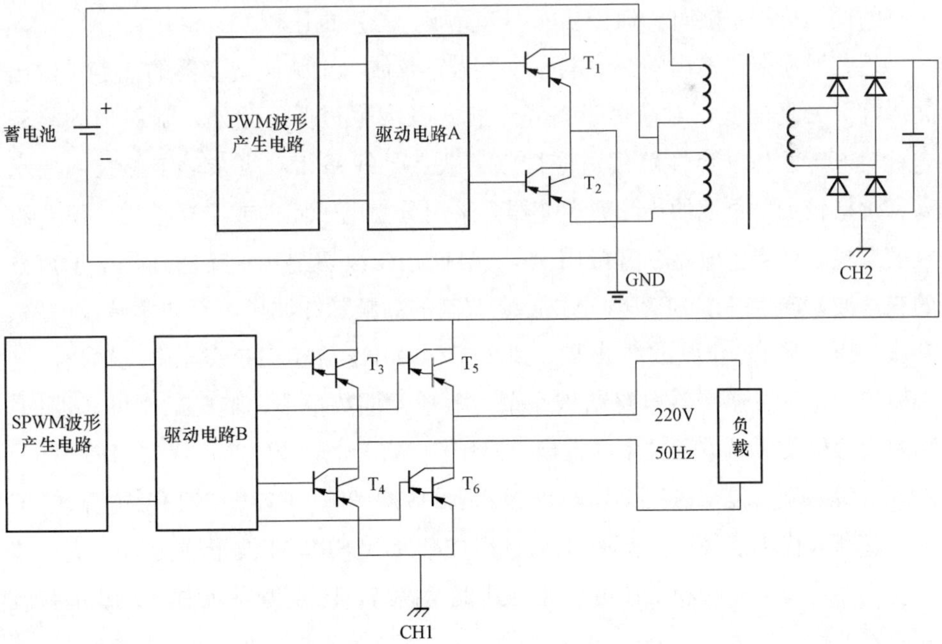

图 2-5　高频升压式逆变器电路原理

2.2.3 逆变器的分类与特点

逆变器的分类方式有很多种，根据逆变器输出交流电压的相数，可分为单相逆变器、三相逆变器和多项逆变器；根据输出电压波形的不同，可分为方波逆变器、正弦波逆变器和阶梯逆变器；根据主电路结构的不同，又可分为推挽式电路、全桥式电路和高频升压式电路逆变器；根据输出交流电的频率的不同可分为工频逆变器、中频逆变器和高频逆变器；根据线路原理可分为自激振荡型逆变器、阶梯波叠加型逆变器、脉宽调制型逆变器和谐振型逆变器，根据输出能量的去向又可分为有源逆变器和无源逆变器。

方波逆变器输出的交流电压波形为 50Hz 方波。此类逆变器所使用的逆变线路也不完全相同，但其共同的特点是线路比较简单，使用的功率开关管数量少，设计功率一般在几十瓦至几百瓦之间。方波逆变器的优点是价格便宜，维修简单。缺点是由于方波电压中含有大量高次谐波，在以变压器为负载的用电器中将产生附加损耗，对收音机和某些通信设备也有干扰。此外，这类逆变器中有的调压范围不够宽、保护功能不够完善、噪声也比较大。

正弦波逆变器输出的交流电压波形为正弦波。正弦波逆变器的优点是输出波形好，失真度低，对通信设备无干扰，噪声也很低。此外，其保护功能齐全，对电感性和电容性负载适应性强。缺点是线路相对复杂对维修技术要求高，价格较贵。早期的正弦波逆变器多采用分立电子元件或小规模集成电路组成模拟式波形产生电路，直接用模拟 50Hz 正弦波切割几千赫兹到几十千赫兹的三角波，产生一个 SPWM 正弦脉宽调制的高频脉冲波形，经功率转换电路、升压变压器和 LC 正弦波滤波器得到 220V、50Hz 单相正弦交流电压输出。这种模拟式正弦波逆变器电路结构复杂，电子元件数量多，整机工作可靠性低。随着大规模集成微电子技术的发展，专用 SPWM 波形产生芯片（如 HEF4752、SA838 等）和智能 CPU 芯片（如 INTEL8051、PIC16C73、INTEL80C196MC 等）逐渐取代小规模分立元件电路，组成数字式 SPWM 波形逆变器，使正弦波逆变器的技术性能和工作可靠性得到很大提高，已成为当前中、大型正弦波逆变器的优选方案。

小功率逆变器一般为单相光伏逆变器，可细分为单极和多极逆变器。单极逆变器中，直流侧升压和电压输出调制或者正弦波电流共用一级电路，又可根据开关管个数细分为四开关管拓扑和六开关管拓扑。多级逆变器有多级电能转换电路，主要包含多级升压、降压或者电气隔离部分，以及最前一级直交流转换电路，可细分为 DC - DC - AC 拓扑、DC - AC - DC - AC 拓扑和 DC - AC - AC 拓扑，主电路拓扑大致可看作前端是将直流变为交流输出，后端满足 MPPT 的直流侧电压变化要求，将直流升压至前端电路。小功率单相光伏逆变器拓扑一般比较复杂。

大功率逆变器通常为三相逆变器，由于 10kW 以上光伏的串联光伏组件能满足并网到 0.4kV 所需直流侧 MPPT 电压范围，所以可以不需在直流侧增加 DC - DC 电路。对于带 DC - DC 电路的逆变器，可直接通过控制 DC - DC 电路开关的占空比来控制光伏阵列的端口输出直流电压。对于不带 DC - DC 电路的逆变器，光伏阵列端口输出直流电压必须通过控制交流侧输出电流的大小来控制。交流侧输出电流的控制，可以通过控制调制深度系数（如采用正弦波脉冲宽度调制，简称 SPWM）来实现，具体可采用滞环控制、无差拍控制等控制算法。

2.2.4　目的和意义

并网逆变器在并网发电系统中起着至关重要的作用，它是将光伏电池产生的直流电转化成可向电网输送的交流电的桥梁。与独立逆变器相比，并网型逆变器不仅需要将直流电逆变为交流电，还需要对交流电的频率、电压、电流、相位、电能质量（谐波含量和电压波动率）等进行控制，因此，对并网型逆变器的要求要比独立型逆变器更严格，具体要求如下。

（1）具有较高的效率。由于光伏电池的输出电压、电流随着日照强度和温度的变化而变化，为使其输出功率始终保持最大值，需要逆变器能自动控制光伏电池的输出，使其始终工作在最大功率点。逆变器是保证光伏发电系统高效率工作的最重要环节，因此需要设法提高逆变器的效率。

（2）具有较高的可靠性。光伏发电系统往往安装于边远地区，一般无人值守和维护，这就要求逆变器具有合理的电路结构，严格的元器件筛选，并要求逆变器具备各种保护功能。目前光伏逆变器配备的保护类型一般有：①电网过/欠电压保护；②电网过/欠频保护；③交流输出短路保护；④孤岛保护；⑤过热保护；⑥直流极性反接保护；⑦直流过压保护；⑧过载保护；⑨对地漏电保护；⑩逆变器内部自检保护（防雷器损坏、接触器故障、变压器过热、A/D通道损坏、IGBT 损坏等）。另外可能还配备：低电压穿越（low voltage ride through，LVRT）、输出直流分量超标保护、输出电流谐波超标保护、防逆流保护和三相电网不平衡保护。其中低电压穿越和孤岛保护必须协调好。

（3）能够适应输入直流电压较大范围的波动。光伏组件的端电压跟随负载、日照强度以及温度而变化，蓄电池或电容器虽然对光伏电池的端电压有钳位作用，但由于蓄电池长时间使用的损耗或电容器本身容量的限制，电压会有一定的波动。特别是蓄电池老化时，其端电压变化范围很大。如 12V 蓄电池，它的端电压可在 10～16V 波动，蓄电池老化所带来的不稳定性使得实际的逆变器在工作时必须具有很强的适应性，保证在输入直流电正常值的电压范围内不仅可以正常工作，而且输出的交流电必须满足并网的条件，具有稳定的输出电压。

（4）防止光伏电源单独运行，具有孤岛检测功能。电力系统发生停电时，当负荷所需电力与光伏逆变器输出电力相同时，往往难以观察到停电现象，因而光伏系统会继续向所在地供电，这对于检修人员是非常危险的。光伏逆变器直接并网时，实际运行中不允许光伏发电系统与电网脱离出现孤岛。一旦孤岛出现，光伏并网系统中的保护控制装置必须迅速动作，使相应的光伏并网逆变器从系统中退出运行。根据专用标准 IEEEStd 929—2000 和 UL1741，所有的并网逆变器必须具有孤岛保护功能。同时这两个标准还给出了并网逆变器在电网断电后检测到孤岛现象并将逆变器和电网断开的时间限制，如表 2-2 所示。光伏逆变器采用的孤岛效应检测方法有被动式和主动式两种类型。被动式检测是通过检测逆变器交流输出端电压或频率的异常来检测孤岛效应。由于被动式方案的检测范围有限，因此为了满足并网逆变器防孤岛保护安全标准的要求，按照 GB 19939—2005 的 6.3 节规定，应至少设置各一种主动和被动防孤岛效应保护。主动式检测通过有意地引入扰动信号来监控系统中电压、频率以及阻抗的相应变化，以确定电网的存在与否。主动式防孤岛效应保护方案主要有频率偏移、电流脉冲注入引起的阻抗变动、电力线载波通信等。被动式防孤岛效应保护方案主要有电压相位跳变、3 次电压谐波变动、频率变化率检测、有功和无功功率变动等。

表 2 - 2 IEEE Std 929—2000/UL1741 对孤岛最大检测时间的限制

状态	断网后电网电压幅值 V	断电后电网频率 f	允许的最大检测时间
A	$0.5V_{nom}$	f_{nom}	6 周波
B	$0.5V_{nom}<V<0.88V_{nom}$	f_{nom}	2s
C	$0.88V_{nom}\leqslant V\leqslant 1.10V_{nom}$	f_{nom}	2s
D	$1.10V_{nom}<V<1.37V_{nom}$	f_{nom}	2s
E	$1.3V_{nom}\leqslant V$	f_{nom}	2 周波
F	V_{nom}	$f<f_{nom}-0.7\text{Hz}$	6 周波
G	V_{nom}	$f<f_{nom}+0.5\text{Hz}$	6 周波

注 V_{nom}为电网电压幅值的正常值；f_{nom}为电网电压频率的正常值。

(5) 满足电磁兼容要求。在光伏并网运行时，电网对光伏逆变器产生的干扰包括电压涨跌频率漂移、三相不平衡、电气噪声、浪涌等。要求光伏逆变器在这些干扰下不能损坏。光伏逆变器对电网产生的干扰包括电流谐波、电压波动、电压闪变、无功功率、电网阻抗、干扰叠加等。逆变器对于其他电器的干扰包括传导干扰空间辐射干扰等。这些相互之间的电磁干扰必须符合相关标准（如 IEEE1547 等）。

2.3 最大功率点跟踪控制

太阳能作为一种可再生的能源已经日益受到世界各主要发达国家的重视，而光伏发电在未来将成为解决能源危机和环境问题的有效手段之一。光伏发电系统在我国已得到了政府和广大科技工作者的重视，相关的研究和应用在高校和科研院所得到了关注，但是目前而言，光伏发电系统面临投资费用高、输出效率低、输出电能不稳定等一系列问题，这些问题都阻碍光伏的大规模推广。特别是对于昂贵的光伏发电系统而言，为了充分发挥光伏的性能，必须输出最大的功率。因此，有必要研究高效的最大功率点跟踪算法。

2.3.1 最大功率点跟踪的基本原理

当太阳光照强度及环境温度改变时，光伏发电系统输出的最大功率值也随之发生改变。在一定的外部环境下，光伏电池仅存在一个最大功率点（maximum power point，MPP）。在实际应用中，最大功率点跟踪的任务是通过有效的控制算法使光伏电池持续工作在最大功率点附近，从而进一步提高光电转换效率。最大功率点跟踪原理如图 2-6 所示。

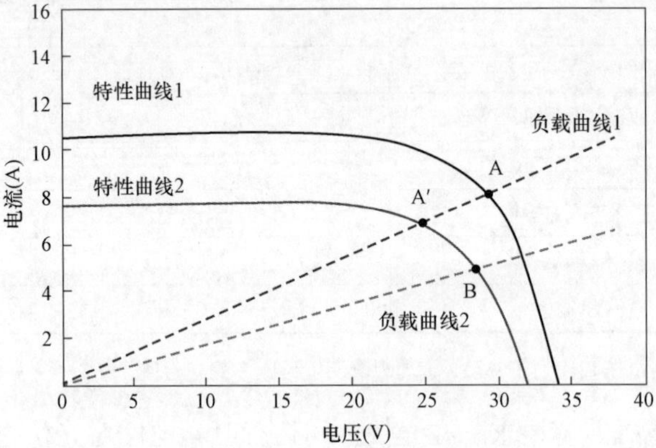

图 2-6 最大功率点跟踪原理

在图 2-6 中，1、2 两条特性曲线表示的是光伏电池在不同光照条件下输出的 $I-U$ 特性曲线。经分析可知，负载的 $I-U$ 特性曲线与光伏电池的 $I-U$ 特性曲线的交点 A 和 B 即为对应的两种光照条件下的最大功率点。若光伏系统起初运行于 1 曲线的最大功率点 A 处，当光照强度改变时，此时光伏系统的工作点由 A 点变换为 A′点，但曲线 2 的最大功率点不是 A′点，因此只能通过调节负载的大小来使光伏系统工作于曲线 2 的最大功率点（B 点）。由于光伏电池的内阻受光照强度、温度的制约，使得光伏电池的等效内阻抗与外部负载阻抗难以匹配。为了使光伏电池的等效内阻抗与其外部负载阻抗相匹配，在光伏电池与外部负载间接入 Boost 变换器。图 2-7 为 Boost 电路的拓扑结构。

根据能量守恒及相关原理可得

$$U_1 I_1 = U_2 I_2 \tag{2-7}$$

式中：U_1为光伏电池的输出电压；I_1为光伏电池输出电流；U_2为负载电压；I_2为负载电流。

将式（2-7）与欧姆定律结合可得

$$\frac{U_1^2}{R_i} = \frac{U_2^2}{R_L} \tag{2-8}$$

式中：R_i 为升压斩波电路的等效输入阻抗；R_L 为负载阻抗。

通过 Boost 电路中电感伏秒法则可得

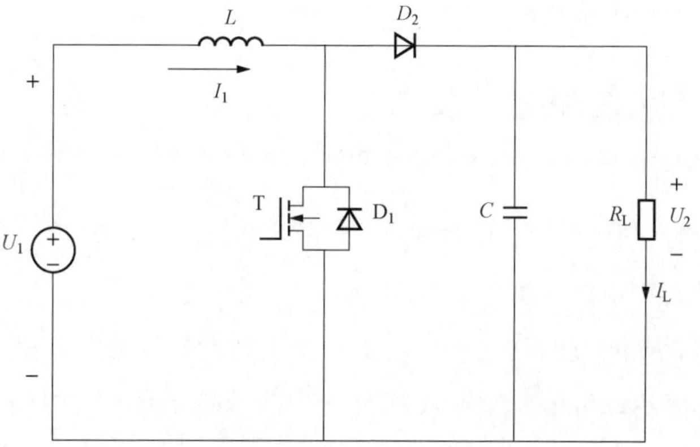

图 2-7　Boost 电路的拓扑结构

$$U_1DT = (U_2 - U_1)(1-D)T \tag{2-9}$$

简化式（2-9）可得

$$U_2 = U_1\frac{1}{1-D} \tag{2-10}$$

式中：D 为 Boost 电路的占空比。

将式（2-10）代入式（2-8）可得

$$\frac{U_1^2}{R_i} = \frac{U_1^2}{R_L(1-D)^2} \tag{2-11}$$

简化式（2-11）可得

$$R_i = (1-D)^2R_L \tag{2-12}$$

综上所述，MPPT 算法对光伏电池输出的电压、电流值进行采样，当外界条件发生变化时，通过调节 Boost 电路的占空比来使光伏电池的等效输入阻抗与外部负载阻抗相匹配，这样便可持续工作于最大功率点处，从而提高发电效率。

最大功率点跟踪算法有很多种，如恒定电压法、扰动观察法、增量电导法、短路电流法、模糊法、恒定电压和扰动观察相结合法等。目前许多的最大功率算法或控制策略已经被应用到光伏发电系统的 MPPT 当中，其中绝大多数都是针对理想照度（整个光伏板具有相同照度）的情况，当然也有少数文献介绍部分遮蔽（整个光伏板具有不同照度）的情况。一般而言小型光伏系统照度都是相同的，而大型光伏才有可能发生部分遮蔽的情况。

下面介绍几种常见的 MPPT 算法，对比各自优缺点。

2.3.2 爬山法/扰动观察法

爬山法/扰动观察法（hill climbing/perturb and observe，HC/P&O）的原理是周期性地对光伏阵列电压施加一个小的扰动，并观察输出功率的变化方向，来确定最大功率点的位置，进而确定下一步的控制信号。如果增加输出功率，则继续朝着相同方向改变工作电压，否则朝着相反方向改变。简单地说就是通过对输出电压或电流或 PWM 加上一个或正或负的扰动 $+\Delta$（可表达为按照一定的步长扰动），在跟踪过程中，通过不断比较输出功率值来确定是否改变电压或电流或 PWM，比如某时刻 n 的电压为 $U(n)$，输出功率为 $P(n)$，这时加上一个扰动 $+\Delta$，经过扰动输出电压变为 $U(n+1)=U(n)+\Delta$，输出功率变为 $P(n+1)$，如果 $P(n+1)>P(n)$，则下一时刻的扰动方向不变，即 $U(n+2)=U(n+1)+\Delta$，输出功率为 $P(n+2)$，然后比较 $P(n+2)$ 和 $P(n+1)$的大小，并不断重复这一过程，直到某时刻 n'，输出功率 $P(n')<P(n'-1)$，则改变扰动方向，即输出电压变为 $U(n'+1)=U(n)-\Delta$，并比较输出功率 $P(n'+1)$ 是否大于 $P(n')$，若大于则继续扰动方向否则改变扰动方向，从而实现最大功率点跟踪。

扰动观测法简单易实现，对传感器精度要求不高，但是输出功率在光伏阵列最大功率点附近震荡，震荡幅度由扰动步长决定。扰动步长越大，输出功率震荡越厉害，但跟踪响应速度加快，因此跟踪精度和响应速度无法兼顾。有文献提出，采用变步长方案，由模糊控制策略决定下一个步长大小，可以改善这个矛盾。基本原理就是在跟踪初期采用较大的步长跟踪，在跟踪的末期采用较小的步长实现跟踪，目的是减少最大功率点附近的振动，但小步长也会导致跟踪速度的变慢。

2.3.3 增量电导法

增量电导法（incremental conductance method，ICM）是一种常用的最大功率点跟踪方法，简单地说就是不断的判断 dP/dV 是否等于 0，如果等于则跟踪到的就是最大功率点，否则继续判断。由光伏输出特性可知，当光伏输出位于最大功率点时，满足式（2-13）所示，最大功率点跟踪由 dP/dV 的取值来实现。

$$\begin{cases} \mathrm{d}P/\mathrm{d}V = 0, & \text{MPP 点} \\ \mathrm{d}P/\mathrm{d}V > 0, & \text{MPP 左侧} \\ \mathrm{d}P/\mathrm{d}V < 0, & \text{MPP 右侧} \end{cases} \tag{2-13}$$

其中

$$\frac{\mathrm{d}P}{\mathrm{d}V} = \frac{\mathrm{d}(IV)}{\mathrm{d}V} = I + V\frac{\mathrm{d}I}{\mathrm{d}V} \approx I + V\frac{\Delta I}{\Delta V} \tag{2-14}$$

所以

$$\begin{cases} \Delta I/\Delta V = -I/V, & \text{MPP 点} \\ \Delta I/\Delta V > -I/V, & \text{MPP 左侧} \\ \Delta I/\Delta V < -I/V, & \text{MPP 右侧} \end{cases} \tag{2-15}$$

由式（2-15）可知，通过比较光伏阵列输出的增量电导和瞬时电导可以实现 MPP 的跟踪。

增量电导法的优点是：控制效果好，控制稳定度高。在日照强度发生变化时，太阳能电池阵列输出电压能以平稳的方式追随其变化，而且当系统达到稳态时，其电压振荡比较小。与爬山法相比，增量电导法基本消除了光伏阵列在最大功率点的功率振荡现象。其缺点在于控制算法比较复杂，对控制系统硬件要求较高。不仅要求系统各部分的响应速度要快，同时要求传感器的精度要高。由于其控制算法的复杂，A/D 转换就增加了难度，在 MPPT 的过程中花费的时间就会增多，需要采用高速的微处理器来实现对跟踪控制系统的实时跟踪。

2.3.4　开路电压法

虽然随着外部光照强度和温度的变化，光伏阵列的输出曲线不断变化，但理论和实践都表明：在外部条件变化过程中，光伏阵列最大功率点电压 V_{mp} 和开路电压 V_{oc} 呈线性关系。可以用式（2-16）表示

$$V_{mp} \approx k_1 V_{oc} \tag{2-16}$$

式中：k_1 为常量。k_1 的大小一般依赖于光伏阵列本身的特性，通常依据光伏阵列在不同光照和温度条件下的输出特性来经验性的决定。大量实验表明，k_1 的范围一般是 0.71～0.78。k_1 确定以后，周期性地控制后级功率变换器关闭，使

光伏阵列工作在开路状态，通过测量开路电压 V_{oc}，可计算出光伏阵列最大功率点电压 V_{mp}。闭环控制光伏阵列输出电压靠近 V_{mp} 即可达到 MPPT 的目的。

但是，开路电压法必须周期性地让光伏阵列输出端开路，开路状态时间内不输出功率，从而造成一定的功率损失。开路电压法是一种简单近似的 MPPT 方法，容易实现但控制精度不高，并且在光伏阵列有局部阴影（光照不均）时，该方法可能失效。

2.3.5　短路电流法

同开路电压法基本原理类似，光伏阵列最大功率点电流 I_{mp} 和其短路电流 I_{sc} 也有线性关系，可用式（2-17）表示

$$I_{mp} \approx k_2 I_{sc} \tag{2-17}$$

同样的，k_2 是常量，其大小也依赖于选用光伏阵列的输出特性，一般 k_2 的范围在 0.78～0.92。与开路电压法测量光伏阵列的开路电压相比，短路电流法需要测量光伏阵列的短路电流。一般需要在功率变换器中专门增加一个开关器件，通过控制该器件实现光伏阵列周期性的短路，显然这大大增加了控制复杂度和设备成本。如果 DC-DC 级采用 Boost 电路，利用其本身开关器件即可实现光伏阵列的短路输出。

与开路电压法一样，短路电流法也存在着周期性的短路状态以及控制精度低的缺点，会造成较大的功率损失。通过建立各种复杂算法对 k_2 进行补偿更新，可以有效地减少功率损失，提高控制精度。

2.3.6　纹波相关控制法

纹波相关控制（ripple correlation control，RCC）法利用功率变换器中开关器件产生的电压、电流和功率纹波来实现 MPPT 控制。电力电子器件在电路中的开关动作会使光伏阵列的输出电压和电流产生纹波，从而导致光伏阵列的输出功率也产生相应的纹波。RCC 方法把光伏阵列输出功率对时间的导数 $\mathrm{d}P/\mathrm{d}t$ 和光伏阵列输出电流或电压对时间的导数 $\mathrm{d}I/\mathrm{d}t$，$\mathrm{d}V/\mathrm{d}t$ 联系起来，通过研究 $(\mathrm{d}P/\mathrm{d}t)(\mathrm{d}I/\mathrm{d}t)$ 或 $(\mathrm{d}P/\mathrm{d}t)(\mathrm{d}V/\mathrm{d}t)$ 的大小来确定功率变换器占空比的大小，控制光伏阵列输出功率的梯度为零，以达到输出功率的最大值。

由光伏阵列输出功率特性曲线可知，如果光伏阵列输出电压 V 或电流 I 增

大（$dV/dt>0$ 或 $dI/dt>0$），并且输出功率 P 也是增大的（$dP/dt>0$），则可判定当前工作点一定处于 MPP 左侧；反之，如果输出电压 V 或电流 I 增大时，输出功率 P 是减小的（$dP/dt<0$），则当前工作点一定处于 MPP 右侧。综合可得

$$\begin{cases} \frac{dP}{dt}\frac{dV}{dt}>0 \text{ 或 } \frac{dP}{dt}\frac{dI}{dt}>0, & \text{MPP 左侧} \\ \frac{dP}{dt}\frac{dV}{dt}<0 \text{ 或 } \frac{dP}{dt}\frac{dI}{dt}<0, & \text{MPP 右侧} \\ \frac{dP}{dt}\frac{dV}{dt}=\frac{dP}{dt}\frac{dI}{dt}=0, & \text{MPP 点} \end{cases} \tag{2-18}$$

假设光伏阵列后级功率变换器为 Boost 电路，则 Boost 电路中输入电感的电流等于光伏输出电流。从 Boost 电路原理可知，增大占空比，电感电流增大，即光伏输出电流增大，光伏输出电压减小。

因此可以得到 Boost 电路的 RCC 控制策略

$$d(t)=-k_3\int\left(\frac{dP}{dt}\frac{dV}{dt}\right)dt \tag{2-19}$$

式中：k_3 为正的常量。

控制占空比 $d(t)$ 连续变化即可完成实时的 MPPT。如以电流控制为例，如果$(dP/dt)(dI/dt)$为正，则当前工作点在 MPP 左侧，由式（2-19）可知，占空比 $d(t)$ 将积分变大，对于 Boost 电路，电感电流即光伏输出电流增大，于是光伏阵列工作点向右移动靠近 MPP。

由于功率变换器不可避免地会产生开关纹波，因此 RCC 方法利用了这一自然属性，检测光伏阵列输出纹波中电压、电流和功率的变化状况，来判断当前工作点的位置。不须增加额外的电路或控制便可以自然地获得扰动效果。另外，光伏阵列输出电流导数 dI/dt 可以很方便地通过测量电感电压来获得。

RCC 方法的缺点是实际电路中的感性或容性负载都会使电压、电流和功率纹波之间产生相位角，如 Boost 电路中的输入电感、光伏阵列的并联寄生电容等。如果这个相位角不可忽略，会给 RCC 方法引入一些误差，通常这种误差很小。

2.3.7　dP/dV 或 dP/dI 反馈控制

随着数字控制技术的发展，DSP 或微控制器主频的不断增加，实时完成大

量计算任务已经成为了现实。在 MPPT 方法中，最直接的方法就是计算光伏阵列输出功率曲线的斜率（dP/dV 或 dP/dI），然后通过反馈控制使斜率保持为零，完成 MPPT 任务。

2.3.8 MPPT 效率

在正常工作条件下测试 MPPT 算法将十分耗时，而且很难比对，最佳的方法是使用光伏阵列模拟器。要求光伏阵列模拟器能够方便设定光伏阵列的串并联数，可真实模拟单晶硅、多晶硅和非晶硅的 V - I 曲线，最好具有短路特性（即电流源特性）以及功率容量需要达到 100kW 左右。目前评价 MPPT 优劣的标准主要是欧洲电工标准化委员会专门指定的 EN50530—2010。该标准定义了下述三种 MPPT 效率：MPPT 效率 η_{MPPT}、静态 MPPT 效率 η_{MPPTstat}、动态 MPPT 效率 η_{MPPTdyn}。

（1）MPPT 效率。MPPT 效率是指测试时间 T_{M} 内，逆变器从光伏组件获得的直流电能与理论上光伏组件在 MPP 处输出的电能的比值，计算公式为

$$\eta_{\mathrm{MPPT}}=\frac{\int_0^{T_{\mathrm{M}}} p_{\mathrm{DC}}(t)\mathrm{d}t}{\int_0^{T_{\mathrm{M}}} p_{\mathrm{MPP}}(t)\mathrm{d}t} \tag{2-20}$$

式中：$p_{\mathrm{DC}}(t)$ 为逆变器从光伏阵列上获得的电能瞬时值；$p_{\mathrm{MPP}}(t)$ 为光伏阵列理论上在 MPP 处输出电能的瞬时值。

（2）静态 MPPT 效率。静态 MPPT 效率 η_{MPPTstat} 是在给定静态特性曲线上追踪最大功率点的准确性，计算公式为

$$\eta_{\mathrm{MPPTstat}}=\frac{1}{P_{\mathrm{MPP,PVS}}T_{\mathrm{M}}}\sum_i U_{\mathrm{DC},i}I_{\mathrm{DC},i}\Delta T \tag{2-21}$$

式中：$P_{\mathrm{MPP,PVS}}$ 是光伏阵列模拟器输出的最大功率点功率；$U_{\mathrm{DC},i}$ 是逆变器输入电压采样值；$I_{\mathrm{DC},i}$ 是逆变器输入电流采样值；T_{M} 是总测量时间；ΔT 是采样间隔时间。

此外还有欧洲静态 MPPT 效率 $\eta_{\mathrm{MPPTstat,EUR}}$ 和加州能量委员会静态 MPPT 效率 $\eta_{\mathrm{MPPTstat,CEC}}$，计算公式分别如下

$$\begin{aligned}\eta_{\mathrm{MPPTstat,EUR}}&=0.03\eta_{\mathrm{MPP5\%}}+0.06\eta_{\mathrm{MPP10\%}}+0.13\eta_{\mathrm{MPP20\%}}\\&\quad+0.1\eta_{\mathrm{MPP30\%}}+0.48\eta_{\mathrm{MPP50\%}}+0.2\eta_{\mathrm{MPP100\%}}\end{aligned} \tag{2-22}$$

$$\eta_{\mathrm{MPPTstat,CEC}}=0.04\eta_{\mathrm{MPP10\%}}+0.05\eta_{\mathrm{MPP20\%}}+0.12\eta_{\mathrm{MPP30\%}}+0.21\eta_{\mathrm{MPP50\%}}+0.53\eta_{\mathrm{MPP75\%}}+0.05\eta_{\mathrm{MPP100\%}} \tag{2-23}$$

上述两式中 $\eta_{\mathrm{MPP5\%}}$、$\eta_{\mathrm{MPP10\%}}$、$\eta_{\mathrm{MPP20\%}}$、$\eta_{\mathrm{MPP30\%}}$、$\eta_{\mathrm{MPP50\%}}$、$\eta_{\mathrm{MPP75\%}}$、$\eta_{\mathrm{MPP100\%}}$ 分别表示光伏阵列实际最大功率点的功率与额定功率 $P_{\mathrm{DC,r}}$ 比值，为 5%、10%、20%、30%、50%、75%和 100%时的效率。

（3）动态 MPPT 效率。由光照强度变化引起特性曲线的变化，追踪这种瞬态特性曲线 MPP 点的效率称为动态 MPPT 效率，用 $\eta_{\mathrm{MPPT}dyn}$ 来表示，计算公式为

$$\eta_{\mathrm{MPPTdyn}}=\frac{1}{\sum_{j}P_{\mathrm{MPP,PVS},j}\Delta T_j}\sum_{i}U_{\mathrm{DC},i}I_{\mathrm{DC},i}\Delta T_i \tag{2-24}$$

式中：ΔT_j 为 $P_{\mathrm{MPP,PVS},j}$ 持续的时间；ΔT_i 为 $U_{\mathrm{DC},i}$ 和 $I_{\mathrm{DC},i}$ 的采样时间。

对于动态 MPPT 效率而言还存在整体动态 MPPT 效率 $\eta_{\mathrm{MPPTdyn,t}}$ 整体动态 MPPT 效率是每个测试序列动态 MPPT 效率的平均值，计算方法为

$$\eta_{\mathrm{MPPTdyn,t}}=\frac{1}{N}\sum_{i=1}^{N}a_i\eta_{\mathrm{MPPTdyn},i} \tag{2-25}$$

式中：$\eta_{\mathrm{MPPTdyn,t}}$ 为整体动态 MPPT 效率；$\eta_{\mathrm{MPPTdyn},i}$ 为每个测试序列的动态 MPPT 效率；N 为测试序列的数量；a_i 为权重因子，一般假定 $a_i=1, i=1,\cdots,N$ 。

2.4　本章小结

本章介绍了分布式光伏电源技术基础，重点介绍了分布式光伏电源的组成结构，包含光伏组件、逆变器、太阳跟踪控制系统、储能电池、充放电控制器、变压器等，其中光伏组件和逆变器是并网光伏电源的核心组成部分。具体内容如下。

2.1 节根据光伏电池结构和光伏电池的材料对光伏电池进行了分类，结合光伏发展历程介绍了几种重要的光伏材料的更迭，并简要分析了各类光伏电池的主要特点及其应用领域。建立了光伏电池的单二极管模型和双二极管模型，研究了光伏阵列对光伏阵列输出特性的影响。研究表明，光伏阵列的输出功率与光照强度成正比，光伏阵列的开路电压与温度成反比。2.2 节总结了逆变器的主要技术性能指标，对比了常见的并网光伏逆变器的拓扑结构，并对逆变器进行了分类，总结了并网光伏对逆变器的基本要求，主要包括具有较高的效率

和可靠性、能够适应输入直流电压较大范围的波动、具有孤岛检测功能以防止光伏电源单独运行、满足电磁兼容要求等。2.3节详细阐述了各种常用的光伏最大功率点跟踪控制技术，如爬山法/扰动观察法、增量电导法、开路电压法、短路电流法、纹波相关控制法等，并介绍了实际光伏电源运行中MPPT效率的评估指标和测试方法。

参考文献

[1] Kirubakaran A，Jain S，Nema R K. DSP - controlled power electronic interface for fuel - cell - based distributed generation [J]. IEEE Transactions on Power Electronics，2011，26（12）：3853 - 3864.

[2] 袁建华. 分布式光伏发电微电网供能系统研究 [D]. 山东大学，2012.

[3] 崔勇，徐业，侯剑辉. 高效率有机光伏电池及其多功能应用（英文）[J]. Science Bulletin，2022，67（13）：1300 - 1303.

[4] Das N，Wongsodihardjo H，Islam S. Photovoltaic cell modeling for maximum power point tracking using MATLAB/Simulink to improve the conversion efficiency [C] //2013 IEEE Power & Energy Society General Meeting. IEEE，2013：1 - 5.

[5] Mutoh N，Inoue T. A control method to charge series - connected ultraelectric double - layer capacitors suitable for photovoltaic generation systems combining MPPT control method [J]. IEEE Transactions on Industrial Electronics，2007，54（1）：374 - 383.

[6] Mutoh N，Ohno M，Inoue T. A method for MPPT control while searching for parameters corresponding to weather conditions for PV generation systems [J]. IEEE Transactions on industrial electronics，2006，53（4）：1055 - 1065.

[7] Dorofte C，Borup U，Blaabjerg F. A combined two - method MPPT control scheme for grid - connected photovoltaic systems [C] //2005 European Conference on Power Electronics and Applications. IEEE，2005：10 pp. - P. 10.

[8] Altas I H，Sharaf A M. A novel maximum power fuzzy logic controller for photovoltaic solar energy systems [J]. Renewable Energy，2008，33（3）：388 - 399.

[9] Kottas T L，Boutalis Y S，Karlis A D. New maximum power point tracker for PV arrays using fuzzy controller in close cooperation with fuzzy cognitive networks [J]. IEEE Transactions on Energy conversion，2006，21（3）：793 - 803.

[10] De Brito M A G，Galotto L，Sampaio L P，et al. Evaluation of the main MPPT techniques for photovoltaic applications [J]. IEEE transactions on industrial electronics，

2012，60（3）：1156-1167.

[11] Jiang Y，Qahouq J A A，Haskew T A. Adaptive step size with adaptive-perturbation-frequency digital MPPT controller for a single-sensor photovoltaic solar system [J]. IEEE transactions on power Electronics，2012，28（7）：3195-3205.

[12] Ahmad J. A fractional open circuit voltage based maximum power point tracker for photovoltaic arrays [C] //2010 2nd International Conference on Software Technology and Engineering. IEEE，2010，1：V1-247-V1-250.

[13] Barth C，Pilawa-Podgurski R C N. Dithering digital ripple correlation control for photovoltaic maximum power point tracking [J]. IEEE Transactions on Power Electronics，2014，30（8）：4548-4559.

[14] Bazzi A M，Krein P T. Ripple correlation control：An extremum seeking control perspective for real-time optimization [J]. IEEE Transactions on Power Electronics，2013，29（2）：988-995.

[15] 赵波著．大规模分布式光伏电源接入配电网运行与控制 [M]．北京：科学出版社，2017.

[16] Kojima A，Teshima K，Shirai Y，et al. Organometal halide perovskites as visible-light sensitizers for photovoltaic cells [J]. Journal of the american chemical society，2009，131（17）：6050-6051.

[17] Kim H S，Lee C R，Im J H，et al. Lead iodide perovskite sensitized all-solid-state submicron thin film mesoscopic solar cell with efficiency exceeding 9% [J]. Scientific reports，2012，2（1）：591.

第3章 储能原理与技术

3.1 简介

3.1.1 目的和意义

截至2022年底，非化石能源发电装机容量达到12.7亿kW，非化石能源消费占比提高到17.5%。与此同时，需要注意到，高比例新能源的接入给电力系统带来了诸多挑战：一方面，受风、光固有随机性和不可控性的影响，决定了新能源无法全天候支撑电力供应，在迎峰度夏、迎峰度冬期间风电和光伏保证出力分别低于4%和11%，极大地增加了电力供应保障难度；另一方面，新能源对频率、电压的耐受能力较差，大量电力电子元器件并网，电网安全稳定运行的风险不断加大，当前电力系统调节能力仍然不足，也掣肘着新能源的进一步消纳和发展。

储能可以控制电能的储存和输出，能够平滑新能源出力、提高系统调峰能力，是支撑构建以新能源为主体的新型能源体系最重要的技术和基础装备之一。总的来说，储能技术是通过化学或物理方法将所生产的能量先用某种适合的技术储存下来，再在现实生活中需要使用某种能量时将其释放，供需要运转的设备使用。而更广泛的储能则是利用特殊的媒介与装置，将电能、热能、机械能等特殊的能量用不同的方式或者技术储存在特定的设备中。在未来出现这种特定能量的使用情景时，可以根据当时的具体情况，释放出不同种类的能量以供使用全球范围内。储能技术可以说是新能源产业革命的核心。储能产业巨大的发展潜力必将导致这一市场的激烈竞争。随着科技的不断进步和社会对能源利用的需求变化，新型储能技术将持续涌现，如固态电池、氢能等，为能源储存和利用提供更加高效和环保的解决方案。随着应用领域的不断拓展和市场规模的扩大，未来储能技术的规模效益将更加显著。智能化技术将与储能技术深度融合，如智能电网、能源互联网等，实现能源的智能化管理和利用。随着环保意识的提高和对可持续发展的追求，未来储能技术的环保性能将受到更多关注。

在欧美等发达国家，由于对可再生能源的大力发展和对能源利用效率的关注，储能技术得到了广泛应用。许多国家政府出台了支持储能技术发展的政策，如提供补贴、税收优惠等，以促进储能技术的研发和应用。随着科技的不断进步，新型储能技术如锂离子电池、固态电池等不断涌现，为能源储存和利用提供了新的解决方案。在电力市场上，储能技术可以用于平衡电力系统、改善电能质量、提供备用电源等，对电力系统的稳定和可靠性起到重要作用。不同领域的合作不断加强，如电动汽车与电网的互动、电池与能源互联网的融合等，推动了储能技术的跨界应用和发展。在我国，风电光伏产业的迅猛发展推动了大容量储能产业的发展。储能技术在很大程度上解决了新能源发电的随机性、波动性等问题，可以实现新能源发电的平滑输出，能有效调节新能源发电引起的电网电压、频率及相位的变化，使大规模风电及光伏发电方便可靠地并入常规电网。储能电池的未来应该在风电和光电产业，其中以已经大量布局的风电产业为主。风力资源具有不稳定性，而且风力资源较大的后半夜又是用电低谷，因此，虽然近年来风、光电产业发展势头迅猛，但一直饱受“并网”二字困扰。储能技术的应用，可以帮助风电场输出平滑和削峰填谷。

能源产品的战略价值也进一步强化，“能源独立是根本”成为大国必须实现的国家安全战略目标之一。加快能源转型已成为世界各国的自觉行动，全球清洁能源产业进入快速发展期。环顾全球，为支撑清洁能源有效消纳和快速发展，世界主要国家都已经把储能产业作为国家级发展战略，在全球经济并不景气的2022年，储能产业蓬勃发展，势头强劲。根据中国能源研究会储能专委会/中关村储能产业技术联盟（china energy storage alliance，CNESA）《储能产业研究白皮书》的不完全统计，2022年全球新增储能装机规模达到30.7GW，储能市场保持高速增长态势，同比增长98%。截至2022年底，全球储能装机规模累计达到237.2GW，年均增速为15%。其中，抽水蓄能累计装机容量188.01GW，占比首次低于80%；新型储能累计装机容量45.78GW，2022年新型储能新增投运规模实现翻番达到20.4GW，锂离子电池仍占新型储能的绝对主导地位。

3.1.2 国内储能产业发展现状

储能应用对促进能源转型发挥着重要作用。回顾中国储能政策的发展历程，储能行业的发展越来越受到重视。自 2005 年储能产业展开战略布局，经过 5 年对储能应用方面的探索，2010 年储能发展首次被写入法案，初步形成发展体系。2011～2021 年，经过 10 年储能战略布局的构建与实施，储能产业逐步进入较为成熟的发展阶段，体系建设较为完善，储能装机容量呈现出爆发式增长趋势，可以预计储能大规模发展的时代即将到来。我国储能产业发展历程如表 3-1 所示。

表 3-1　　我国储能产业发展历程

时间	规划与政策	主要内容
2017.9	发改能源〔2017〕1701 号《关于促进储能技术与产业发展的指导意见》	明确基本原则、两阶段发展目标、重点任务、保障措施
2018.2	国能发规划〔2018〕22 号《2018 年能源工作指导意见》	推进 100MW 的压缩空气储能电站等项目前期工作落实，推进储能技术示范类项目建设
2018.7	发改运行〔2018〕1027 号《关于积极推进电力市场化交易，进一步完善交易机制的通知》	各地要取消市场主体参与跨省跨区电力市场市场化交易的限制，促进资源大范围优化配置和清洁能源消纳
2019.6	发改办能源〔2019〕725 号《贯彻落实〈关于促进储能技术与产业发展的指导意见〉2019—2020 年行动计划》	推进大容量压缩空气储能技术项目建设，加强 100MW 压缩空气储能技术示范项目验证；积极推动储能国家电力示范项目建设
2020.6	发改能源规〔2020〕889 号《电力中长期交易基本规则》	明确储能企业成为参与电力市场中长期交易的市场成员
2020.8	《关于开展“风光水火储一体化”“源网荷储一体化”的指导意见（征求意见稿）》	电源基地开发方面侧重“风光水火储一体化”，符合需求方面侧重“源网荷储一体化”
2021.7	发改能源规〔2021〕1051 号《关于加快推动新型储能发展的指导意见》	实现新型储能装机规模 3000 万 kW 以上，促进储能从商业化初期向规模化发展转变

续表

时间	规划与政策	主要内容
2022.3	发改能源〔2022〕209号《"十四五"新型储能发展实施方案》	针对储能技术创新发展，从多元化技术开发、全过程安全保障技术、智慧调控技术等层面部署重点攻关方向
2023.3	国能发科技〔2023〕27号《关于加快推进能源数字化智能化发展的若干意见》	推进新能源"微网"与高可靠性数字源数字化智能化优化配电系统发展，提升新型储能资源智能高效配置与运行控制水平

2022年我国储能产业进入规模化发展新阶段，新增储能装机规模达到16.5GW，成为全球储能市场的领头羊，20余个百MW级项目如雨后春笋般落地并网，同比增长500%。其中，抽水蓄能新增9.1GW，同比增长75%；新型储能新增实现历史性突破，达到7.3GW，锂离子电池占据绝对主导地位，比重达97%，压缩空气储能、液流电池、钠离子电池、飞轮储能等其他技术路线试点应用取得较大突破。截至2022年底，我国储能装机规模累计达到59.8GW，占全球市场总规模的25%，年增长率38%，增速冠绝全球，其中，抽水蓄能累计装机46.1GW；新型储能累计装机13.1GW。

随着新能源发电占比的升高，应提高对储能应用的重视。到2025年我国新能源发电量占比将上升至18%，局部地区新能源出力占负荷的比例更高，系统灵活性变得十分重要，有必要部署更大规模的储能，故应从以下几方面加强对储能应用的研究。

从政策保障角度看，五年来，从《关于促进储能技术与产业发展的指导意见》出台，到《"十四五"新型储能发展实施方案》发布，在国家相关政策大力支持下，我国储能产业正朝着多元化、高质量方向发展。但在储能商业化发展进程中，发展道路依旧被尚未掌握的核心技术、尚不完善的电力市场、未能修正的价格机制等问题所阻碍，还需要国家根据储能标准体系和主要应用场景制定相关政策，从而推动构建良性循环的储能行业生态系统。

从技术研发角度看，我国的储能行业技术研发要结合当前发展阶段对分布式能源、广受欢迎的纯电动汽车、日渐成熟的微电网和智能电网技术等方面的需求，针对储能商业与示范过程中的核心技术和未掌握的瓶颈技术，例如抽水蓄能电站地理条件受限程度大和建设周期长、压缩空气储能电站依赖储气室、氢储能技术中的“电-氢-电”转换效率低于锂离子电池等能够显著提升技术经济性以及能够引领未来储能产业发展的技术问题，进行重点研发。

从储能创新角度看，在面临电网调峰、电网平衡、电网安全等诸多问题的同时，单一电厂的储能模式已无法满足电网的需求，而整合电网侧、电源侧、用户侧三个方面资源的储能电站，推动源网荷各端储能能力，全面释放的共享储能为当前困局的破解带来了希望。目前，提升储能的共享性是发展共享储能的首要任务。要确保储能企业和新能源发电企业或用户之间的交易制度尽早建立，重点支持发展“云大物移智链”技术，协调控制技术以及系统集成技术，促使更多种类的商业模式出现，保障储能产业规模化发展。

3.1.3 国外储能产业发展现状

(1) 美国。受制于储能技术成本高企和相应扶持政策不完善，2016 年以前规模化储能应用推广在美国依然困难重重。随着新能源占比提高，倒逼联邦政府和主要州政府层面通过“政策支持+市场化需求”的双重驱动，推进配储以满足新能源消纳和调度需求，如今美国已成为全球储能装机规模最大的国家。财税支持层面，投资税抵免（investment tax credit，ITC）和成本加速折旧（modified accelerated cost recovery system，MACRS）是最主要的激励政策。其中，2021 年 11 月，美国众议院通过了拜登 1.75 万亿美元的刺激法案，储能将获得单独的 ITC 退税，针对高于 5kW·h 的储能系统将获得最高 30%的投资税抵扣，Wood Mackenzie 公司预测，独立部署的储能系统在获得 ITC 政策支持后有望在未来五年内将储能市场的规模扩展 20%到 25%；MARCS 则允许储能项目按照 5 至 7 年的折旧期加速折旧。市场机制层面，联邦能源监管委员会（federal energy regulatory commission，FERC）在 2007 年至 2017 年间，发布了一系列法令，允许储能参与各类服务市场获取相应收益；2018 年通过颁发第 841 号法令，对储能参与容量市场、能量市场和辅助服务市场的限制进行解绑，把参与市场的门槛直接降到 100kW，使得容量较小的储能设施获得参与市场竞争的机会；2020 年第 2222 号令，允许美国大部分地区的区域电网和电力市场运营商部署的分布式储能系统参与批发市场，为储能的成本回收和盈利提供了良好的市场环境，显著促进了储能市场的发展。除此之外，由于美国居民电价显著高于工商业电价，能有效降低用电成本的“光伏＋储能”模式受到用户的青睐，用户侧储能数量也得到快速增长。

（2）英国。在扶持政策方面，英国主要通过投入公共资金支持储能技术创新、成本降低。2017 年，英国政府和能源相关部门推出“法拉第挑战计划”，拨款 3.3 亿英镑推动包括储能在内的新兴技术从研发走向商业化及市场化。《智能灵活资源发展战略》《清洁发展战略》以及“十项关键计划”等政策的提出，进一步加速低碳技术创新，催生长时储能的大力发展。在市场机制方面，英国大幅推进与储能相关的电力市场规则修订工作，政府天然气和电力市场办公室（office of gas and electricity markets，OFGEM）于 2019 年将储能归类为发电设施，只需支付发电端费用，扫清了储能获取收益的障碍，储能可以充分参与电力市场和各类辅助服务。在英国，容量市场和辅助服务市场是新型储能最主要的获取收益途径，比如增强快速调频，也可通过在平衡市场提供上下调节电量以及电价尖峰时段发电获得收益，并且收益可以叠加享受，部分储能电站的收益来源甚至高达十几种。

（3）德国。德国作为清洁能源发展的先行者，是全世界可再生能源发电比例最高的国家之一，2022 年 7 月，德国联邦议院再次通过了最大规模的能源政策法案修订，制定了 2030 年 80％的电力消费由可再生能源覆盖的目标，预计 2023 年德国光伏总装机量达 215GW，同时引导发电企业对新能源、储能设施等零排放设施进行必要的投资。德国的商业化储能市场主要集中在电力辅助服务市场和用户侧储能市场。电网级储能方面，德国大型储能项目主要应用于提供调频调峰、电压支撑、黑启动等辅助服务，一次调频是德国电网级储能项目最重要的收入来源。用户侧储能方面，俄罗斯与欧洲国家之间的贸易冲突导致欧盟化石燃料短缺，德国居民电力价格大幅飙升，最高电价达到 2021 年的 3 倍，在全欧最高居民电价和政府补贴双重因素叠加下，促使德国成为全球最成熟的用户侧储能市场，“光伏＋储能”占到德国储能总规模的 50％。德国内阁颁布的 2022 年度税收法案，为满足条件的屋顶光伏免除户用光伏所得税，以及户用及公共建筑光伏系统增值税，德国联邦政府和国有复兴银行为光伏用户配套储能提供补贴，在此情况下，实现了刺激储能市场、促进新能源消纳和降低电池成本的目的。

通过对比可以发现，美国等储能发展先锋国家主要通过制定储能规划目标、支持本土产业链技术创新、财税减免、资金支持、制定适应储能的电力市场交易品种等政策来支持储能发展。国内外储能政策对比见表 3-2。

表 3-2　　国内外储能政策对比

对比项目	中国	美国	德国	英国
规划	国家发布新型储能总体装机规划，部分省市发布“十四五”装机规划	至少 9 个州出台储能装机远期规划，加州 2024 年储能装规划 1.8GW	2030 年可再生能源发电量占比 65%，暂无针对储能的总体发展规划	2023 年底预计整体储能规模达到 4GW
产业	推动储能成本下降，促进规模化应用	发布《2021—2035 年锂电池国家蓝图》，支持本土材料加工基地建设满足国内储能需求	全球最成熟的用户侧储能市场，“光伏＋储能”占到德国储能总规模的 50%，家庭储能用户注册量 9 万户，工业储能注册量 700 个项目	制定《智能灵活资源发展战略》，降低储能消费者和企业本；出台《清洁发展战略》聚焦提高家庭用电效率等
财税	部分省市出台储能投资或者运营补贴政策	为储能提供 ITC 税收抵免和 MACRS 加速成本回收	德国联邦政府和国有复兴银行给予家庭储能补贴，鼓励光储市场。2022 年年度税法免除与用户储能系统有关的增值税和发电收入所得税	法拉第电池挑战计划为储能项目提供 3.3 亿英镑的资金支持
市场规则	国家推动储能探索参与辅助服务、电力现货等	允许储能参与各类服务市场，消除储能参与容量市场、能量市场的障碍条款	电力市场引入“市场溢价机制”构建新能源市场竞价和补贴激励政策	将储能作为发电主体的单一分类，在放电时收取费用

3.2　储能的作用

在化石能源日渐枯竭、气候变暖和环境恶化的多重压力下，一场以清洁低碳为目标的能源革命已在全球范围内悄然兴起。在我国，“双碳”目标已成为一项长期的国家战略，构建以新能源为主体的新型电力系统，也成了我国未来电力能源发展的重要导向。新型电力系统的构建离不开储能的加持。新型电力系统的基本内涵是重构能源的生产、传输、分配和消费体系，逐步实现新能源对传统化石能源的替代。然而，与化石能源相比，风电、光伏等新能源具有强随机性、波动性和间歇性的特点，这使其并网消纳面临巨大挑战。储能可以平抑大规模新能源并网对系统的冲击，并为系统提供频率和电压支撑，改善电能质量，提高安全稳定水平。因此储能是解决大规模新能源并网消纳难题，实现新型电力系统安全、优质运行的重要手段。

储能的应用场景可分为电源侧、电网侧和用户侧三大场景。在电源侧，储能用于解决新能源发电弃风、弃光等问题以及提高新能源场站自身调峰、调频、调压等调节能力，主要应用模式为新能源配储。在电网侧，储能主要用于提供调峰和调频等电力辅助服务，增加电网稳定性，目前主要以独立储能为主。在用户侧，主要用于降低工商业用户的用能成本，通过峰谷差价盈利、减少基本电费、需求侧响应补贴、降低增容费用等方式盈利。储能在各应用场景中的作用见表3-3。

表3-3　储能在各应用场景中的作用

应用场景	储能系统主要作用
电源侧	发电偏差替代、辅助服务盈利、增加绿电收益提高系统稳定性与可靠性
电网侧	调频调峰、备用容量、提高传输能力、维持电网稳定运行、缓解线路阻塞
用户侧	峰谷套利、需量电费削减和参与需求响应

3.2.1　电源侧储能

随着社会经济的发展，储能技术作为智能电网领域中不可或缺的一部分，其发挥的作用越来越重要。由于可再生能源出力的波动性和随机性，风光等可再生能源的规模化并网，对电网造成了较大的影响，而利用储能可以提高可再生能源的消纳。再者，由于电源和负荷资源分布的不均衡，需要进行大规模远距离的电力输送。此外，储能技术还可以协助系统在灾变事故后重新启动与快速恢复，提高系统的自愈能力等。其具体作用如下。

（1）发电偏差替代。受限于可再生能源的中短期功率预测技术，当环境资源突变或电力电子设备不稳定时，风机、光伏的计划曲线与实际曲线将产生较大偏差。通过调控站内储能的动作行为，多时间尺度地跟踪风、光计划曲线，确保场站实际输出功率连续稳定并尽可能匹配申报计划，从而规避由中短期功率预测偏差导致的考核惩罚。

（2）辅助服务盈利。按比配储的新能源场站，在满足自身需求之余，可为电网提供调峰、调频、调压等辅助服务，并从电力辅助服务市场中挣取可观的收益。场站储能依据负荷曲线实施谷充峰放，一方面吸收场站的弃风弃光，并从峰谷差价中获利，另一方面降低地方电网峰谷差，为处在新能源高渗透率区域的送端电网缓解输电线路通道阻塞，实现新能源的大范围、长距离稳定消纳；通过储能调控使原本只能向下调节的新能源场站具备双向一次调频能力，并提升了调频性能；利用储能装置进行无功、电压的快速调节，实现场站并网点无功就地补偿，改善新能源并网造成的电压波动情况。

（3）增加绿电收益。国内绿色交易市场正在建立健全，新能源场站按比配储后，可替代基准线情景下该区域电网的同等火电发电量，降低碳排量。通过绿电交易与绿证碳交易市场的有效衔接，新能配储企业可出售绿证或核减碳排量给指标紧缺的其他能源企业，从中收获附加利益与竞争优势。

（4）提高系统稳定性与可靠性。通过合理地配置和控制储能，可以提高系统在扰动作用下的动态性能以及应对动态冲击的能力，以实现瞬时能量平衡，进而提高可再生能源发电可靠性及其在电网中的容量可信度。对于不可预期的大扰动，储能的快速响应性能可以使系统能够快速从紧急状态恢复到正常运行状态，尽可能地减少扰动对系统可靠性的影响，并能为电网提供紧急功率支持。当配电网故障时，储能可以作为负荷的应急电源，保证负荷的持续可靠供电，并可以支持电网黑启动。

3.2.2 电网侧储能

储能装置在电网侧的应用主要安装在输配电侧，在调频调峰、备用容量、缓解线路阻塞和维持电网稳定运行等领域中发挥重要价值。

（1）调频调峰。电网灵活性的提升需同时提高电网的调频和调峰能力，储能以其反应灵敏的特性在调频领域的应用逐步规模化，可以有效提高电网抗干扰能力。通过电网侧接入的电池储能系统，参与频率异常主电网的控制，实现电网频率稳定的目的。储能技术不同，一次调频效果也有所差别，超级电容器是具有较好调频效果的常用一次调频储能设备；而锂离子电池一般为传统发电机组提供一次调频服务。

可再生能源发电的电源一般主要分布在重负荷区，对本就缺少足够调峰电源的电网提出了更大挑战，迫切需要更强的调峰能力；而可再生能源接入所导致的渗透率提升，也给电网的调峰带来了更大的压力，大大增加了电网调峰的难度。利用储能进行调峰，可大幅减小配电容量，节省电力装备的建设投资和增容费用。

（2）缓解线路阻塞。储能系统安装在阻塞线路的上游，当线路负荷超过线路容量，即发生线路阻塞时，储能系统充电，将线路不能运输的电能存储在储能设备内。当负荷低于线路容量时，储能再向线路放电。

输配电线路的容量是固定的，而负荷是随时间有规律变化的，即存在尖峰负荷。有时候当负荷增长到一定程度时，输电线路的容量会低于尖峰负荷，这样就需要投入资金对线路进行扩容，提高电力运行的边际成本。储能可以用于避免线路阻塞引起的相关成本和费用，尤其是在需要扩容的幅度不高的情况下。

（3）提高传输能力，延缓输配扩容升级。可再生能源的大规模并网可能引起传输线过载，可将阻塞的电能储存到储能设备，在线路负荷小于容量时再释放电能。储能技术可以替代传统的电网升级增建措施，以较小的储能装机容量达到提高电网的输配电能力的目的，从而延长原有设备的使用寿命，降低电网改造投资成本。对于给定系统，可综合考虑发电、输电和储能的耦合作用机制，开展发输储协同扩容规划或变电站扩容和储能容量配置的协调规划，从而优化系统实时调控能力与传输能力。

（4）电网稳定运行。电网正常运行时，储能装置可通过支撑母线电压改善系统稳定性，还可提供无功功率支持，参与输配电线路的电压调节，增强光电、风电系统的低电压穿越能力。电力系统发生短路故障、冲击性负荷波动和可再生能源并网等情况时，会出现电压波动、闪变的电能质量问题，通过协调控制可再生电源与储能装置，快速排除故障，恢复供电。储能对电网的补偿效果更优于传统的静止无功补偿器和静止同步补偿装置等补偿设备，还可充当备用电源及黑启动电源，为电力系统提供紧急的有功、无功支撑，维持电网的稳定、安全运行。可再生能源并网可能会引起电网潮流大小、方向的不确定，电压暂降将导致电压在短时间内突然下降，从而导致电能质量问题，严重时将造成用电设备停止工作，可通过风—储联合系统等来抑制电压波动。

3.2.3 用户侧储能

储能装置在电网中，无论从削峰填谷，还是从电网规划发展方面都起着举足轻重的作用。储能装置可以减轻由于经济发展而产生的电力不足压力，在用户侧配备储能装置对于用电量较大的客户其经济性十分显著。

峰谷套利、需量电费削减和参与需求响应是用户侧储能最常规的三种盈利方式。峰谷盈利方面，是用储能设备在低谷、平段时充电，高峰、尖峰时段放电，通过充放电价差获利，其主要影响因素为分时电价价差。峰谷盈利模式是目前储能盈利的最重要方式，随着电力商品属性的还原及实时价值的凸显，峰谷盈利模式的收益空间将可能增加。需量电费方面，对于执行两部制电价、按照需量计算基本电费的工商业用户，可利用储能设备在用电负荷高峰时段放电，削减用户计量的需量电费。减少基本电费成效与用户用电负荷曲线特征紧密相关，仅适用于高峰负荷持续时间较短的尖峰型负荷曲线。典型工商业用户高峰负荷持续时间长，配置储能设备可以优化用户用电特性，减少高峰时段用电量，但对负荷需量影响不大。实行三班制的电子器件企业，其负荷曲线在全天内保持平稳，其能配置的经济功率可观，但配置储能后充电功率将增加企业最大用电负荷，当以实际需量计算基本电费时，将增加企业基本电费。需求响应补贴方面，对于绝大部分以峰谷盈利模式运营的用户侧储能，其充放电功率及时段长期稳定，难以在规定时限内响应削峰填谷需求，无法获取补偿；以提供辅助服务为盈利模式的储能参与需求响应时，受到储能容量限制，无法在响应时段持续出力，造成需求响应补贴收益依然较低。

储能在用户侧的应用主要集中于用户分时电价管理、容量费用管理、电能质量管理 3 个方面。其中，实现分时电价管理和容量费用管理功能依赖于电力市场中存在分时电价和容量电价体系，目前我国的工业用电中已经存在这样的电价体系，部分省份的居民用电也进行了尝试，因此出现了一些储能应用的机会。电能质量管理则涉及很多方面，在用户端应用最广泛的是为提高供电可靠性而布置的UPS系统和铅酸电池、锂离子电池等储能技术的商业应用项目。

削峰填谷根据峰谷电价差，利用储能进行削峰填谷，降低用电成本，利用储能跟踪用户用电尖峰负荷，可以削减用电容量，降低用电成本。作为备用电源实现用户重要负荷的不间断供电，可以替代备用柴油发电机组提升高渗透分布式发电的运行稳定性、提升电网中功率控制和能量管理能力、提升分布式发电设备的有序并网能力。利用布置于负荷侧的储能系统，在分时电价或实时电价的引导下，主动通过对用户用电进行削峰或移峰，可以为用户节约用电费用，并在客观上起到对电力系统进行峰谷调节的效果。储能参与峰谷调节的优势如下：

(1) 响应快。储能装置具有双向功率调节功能，其充放电转换速度可以达到百毫秒级以下，远快于传统电源。

(2) 效率高。各类电池储能系统的充放电循环效率一般较高，用于峰谷调节电量损失小。

(3) 损耗小。储能可以分散式布置于用户侧，直接与邻近负荷进行时空匹配，可以避免远距离输送的网络损耗。

3.3 储能的分类

按照能量储存方式，储能可分为物理储能、电化学储能、电磁储能三类，其中物理储能主要包括抽水蓄能、压缩空气储能、飞轮储能等，电化学储能主要包括铅酸电池、锂离子电池、钠硫电池、液流电池等，电磁储能主要包括超级电容器储能、超导磁储能。储能的分类如表3-4所示。

表3-4 储能的分类

储能技术	储能类型
物理储能	抽水蓄能、压缩空气储能、飞轮储能
电化学储能	铅酸电池、锂离子电池、钠硫电池、液流电池等
电磁储能	超级电容器储能、超导磁储能
热储能	显热储热、潜热储热、热化学储能等

抽水蓄能和压缩空气储能是目前可大规模存储和长时间放电且技术较为成熟的2项储能技术，但二者都在一定程度上受到地理、地质等条件的制约。飞轮储能和电化学储能的响应速度较快，其中飞轮储能具备功率密度高、能量循环效率高等优点，但是其能量密度较低。电化学储能的优势在于其功率和容量可以根据应用需求灵活配置，且不受外界条件的影响和限制。以超级电容和超导电磁储能为代表的电磁储能技术具有响应速度快、功率密度高、能量循环效率高等优点，但存在的主要问题是容量较小、放电持续时间短、成本高等。

3.3.1 物理储能

目前，应用在电力系统中的机械类储能技术主要包括抽水蓄能、压缩空气储能、飞轮储能。其中抽水蓄能技术已经非常成熟，在电力系统中得到广泛应用。压缩空气储能技术成熟度比较高，目前已经进入产业化阶段。

（1）抽水蓄能。抽水蓄能是以一定的水量作为能量载体，通过势能和电能之间的能量转换，向电力系统提供电能的一种特殊形式的水力发电系统。抽水蓄能电站配备有上、下游两个水库，在负荷低谷时段，抽水储能电站工作在电动机状态，将下游水库里的水抽到上游水库保存。在负荷高峰时，抽水蓄能电站工作在发电机状态，上游水库中存储的水经过水轮机流到下游水库，并推动水轮机发电。由于水只在上、下游两个水库之间循环，在第一次蓄水完成后就可以不需要大量注水，只需补充少量因为蒸发、渗漏等引起的水分流失，抽水蓄能电站建造地点要求水头高，发电库容大，渗漏小，压力输水管道短，距离负荷中心近。

抽水蓄能是在电力系统中得到最为广泛应用的一种储能技术，它的特点是储存能量非常大，其储存的能量释放时间为几个小时至一天，综合效率为70%～80%，非常适合应用于电力系统调峰和用作长时间备用电源的场合。其具有调峰、调频、调相、储能、系统备用和黑启动等功能，以及容量大、工况多、速度快、可靠性高、经济性好等技术经济优势，在保障大电网安全、促进新能源消纳、提升全系统性能中发挥着基础作用，是能源互联网的重要组成部分。加快发展抽水蓄能，是构建新型电力系统的迫切要求，是保障电力系统安全稳定运行的重要支撑，是可再生能源大规模发展的重要保障。

（2）压缩空气储能。压缩空气储能是利用非峰时电能压缩空气并储存在水库、地下洞穴或地上管道或容器内，当需要电能时，加热压缩空气使其膨胀导入汽轮发电机发电。压缩空气蓄能电站有许多优点：通过调节压缩空气储能能够改善电网负荷率，使系统中大型发电机组的负荷波动减小，提高系统的经济性和可靠性。与抽水蓄能电站相比，压缩空气储能站址选择灵活，不需建造地面水库，地形条件容易满足。压缩机由电网供电的电动机驱动，因此汽轮机的输出功率全部用于发电，其发电功率是常规燃气轮机电站的3倍。同时由于大量能量储存在空气和燃料中，具有很高的能量密度。压缩空气蓄能电站在压缩空气瞬间即可使用，在无照明的条件下也可以启动而且启动快，3min即可从空载达到额定出力，提高了系统的灵活性，适于作旋转备用。压缩空气蓄能电站可以积木式地组装，可以实现模块化。但是传统压缩空气储能系统必须与燃气轮机电站配套使用，仍然依赖燃烧化石燃料提供热源，储能效率相对较低。此外，压缩空气储能系统虽然站址选择灵活，但也需要特殊的地理条件建造大型储气室，如岩石洞穴、盐洞、废弃矿井等，建站条件较为苛刻。针对传统的压缩空气储能的不足，近年来各种先进的压缩空气储能技术不断发展，如绝热压缩空气储能、液化空气储能、超临界压缩空气储能、与可再生能源耦合的压缩空气储能等。

（3）飞轮储能。飞轮储能是利用电机带动飞轮高速运转，将电能转化成机械能存储起来，并在需要时飞轮带动电机发电的一种物理储能技术。飞轮储能的储能量由飞轮转子的质量和转速决定，其功率输出由电机和变流器特性决定。在储能阶段，通过电动机拖动飞轮，使飞轮本体加速到一定的转速，将电能转化为机械能；在能量释放阶段，电动机作发电机运行，使飞轮减速，将机械能转化为电能。为减少损耗，飞轮储能系统运行于真空度较高的环境中，现代飞轮储能系统都是由一个圆柱形旋转质量块和通过磁悬浮轴承支撑的机构组成，其特点是没有摩擦损耗、风阻小、寿命长、功率密度是电池的五到十倍、对环境没有影响，几乎不需要维护，适用于电网调频和电能质量保障，是目前最有发展前途的储能技术之一。但缺点是能量密度比较低，保证系统安全性方面的费用很高，在小型场合还无法体现其优势，对需要数千瓦或兆瓦能量储存的大规模电网不是很有吸引力，适用于时间和容量方面介于短时储能和长时储能之间的场合，如电能质量控制、不间断电源、电压稳定和电压调峰方面。目前，飞轮储能主要作为蓄电池系统的补充。近年来，飞轮转子设计、轴承支撑系统和电能转换系统都被各国的研究机构进行了深入研究。高强度碳素纤维和玻璃纤维材料、大功率电力电子变流技术、电磁和超导磁悬浮轴承技术极大地促进了储能飞轮的发展。

2021年，我国新增加投入使用的电力储能项目装机规模已经达到了10.5GW。其中增加较多的是抽水蓄能，达到了8GW，较上年同期增加437%。放眼全球，坐落在中国河北承德的丰宁抽水蓄能电站总装机规模3.6GW，年设计发电量66.12亿kW·h，年抽水电量87.16亿kW·h，在装机容量、储能规模、地下厂房等方面均领先于全球。2021年我国共有梅州、阳江等8座抽水蓄能电站建成并投入运行。梅州抽水蓄能电站主体结构不仅施工时间短，而且将三导轴承摆度精度精确至0.05mm；阳江抽水蓄能电站已建成40万千瓦级单机容量，700m高水头抽蓄机组全部自主生产，并拥有800m级水头的钢筋混凝土衬砌水道。压缩空气储能在2021年迎来了发展机遇期，新增投运规模170MW，是2020年同期的15倍。盐穴压缩空气储能作为借助盐穴储能的储能技术，通过空气的挤压和放出以实现电能的贮存和利用。虽然我国拥有较多的盐矿资源，但是由于开始研究该项技术的时间较晚，盐穴地下储库的数目和建造工艺依旧落后于西方。中国科学院工程热物理所于2021年8月在山东肥城成功建设了10MW盐穴先进压缩空气储能商业示范电站，已成功完成了项目验收并正式并网发电商业运行，系统效率达到60.7%。江苏金坛已建成60MW·h/300MW·h盐穴压缩空气储能示范工程，于2021年10月开展并网试验。飞轮储能对环境要求较小。由于其不受环境的影响，在短时高频领域有着良好的发展潜力。国家能源集团宁夏电力灵武公司光火储耦合22MW·h/4.5MW·h飞轮储能项目于2011年11月10日开工。这是我国首个全容量飞轮储能—火电联合调频项目，实现了大功率飞轮单体工程应用。2022年4月11日，青岛在地铁中运用了1MW飞轮储能装备。这套储能装置由我国自主研制，对突破国外对我国的技术封锁具有重要意义。

3.3.2 电化学储能

电化学类储能就是通过电化学反应完成电能和化学能之间的相互转换，从而实现电能的储存和释放。目前，应用在电力系统中的电化学类储能技术主要包括铅酸电池、锂离子电池、钠硫电池、液流电池、燃料电池等。在众多储能技术中，电化学类储能技术进步最快，以锂离子电池、钠硫电池、液流电池为主导的电化学储能技术在安全性、能量转换效率和经济性等方面均取得了重大突破，极具产业化应用前景。整体上来说，电化学储能技术具有能量密度高、综合效率高、建设周期短、容量和功率规模适用范围广等优点。随着大容量集成技术的成熟以及综合造价的进一步降低，有望在电力系统削峰填谷、频率和电压调节、电能质量调节、系统备用以及可再生能源灵活接入等方面发挥重要的作用。

（1）铅酸电池。铅酸电池是指以铅及其氧化物为电极、硫酸溶液为电解波的一种二次电池，发展至今已有一百多年历史，是最早规模化使用的二次电池。铅酸电池具有技术成熟、储能成本低、可靠性好、效率较高等优点，目前已经成为交通运输、国防、通信、电力等各个部门最为成熟和应用最为广泛的电源技术之一。但是铅酸电池的缺点是：循环寿命较短、能量密度低、使用温度范围窄、充电速度慢、过充电容易放出气体，加之铅为重金属，对环境影响大，使其后期的应用和发展受到了很大限制。

铅酸电池俗称电瓶，其基本单元称为一个单体。铅酸电池单体主要由正负极板、隔板、电解液、安全阀、接线端子、电池外壳等部件组成。其中，正极板为氧化铅，负极板为海绵状铅。稀硫酸作为电解液，使电子在正负极板之间转移。采用超细玻璃纤维棉作为隔板，电解液吸附在隔板中，电池内部无流动电解液。同时，隔板的多孔结构使电解液从正负极板之间来回流动，极板上的活性物质与电解液充分反应。安全网采用具有优质耐酸和抗老化的合成橡胶材质，当电池内部气压升高时，安全阀自动打开，排出气体，使电池内部气压维持在一定范围内。外壳采用树脂纤维材质，通过外壳将电池保护起来，并提供正负极板放置空间。电池端子用于连接电池与外部电路。根据电池类型不同，端子可为连接片、连接棒或引出线。

（2）锂离子电池。锂离子电池具有重量轻、储能容量大、功率大、无污染、寿命长、自放电系数小、温度适应范围广等优点，被认为是最具发展潜力的动力电池体系，成为目前世界上大多数汽车企业的首选目标和主攻方向。能源的大规模储存能力对于发展新能源至关重要，锂离子电池在大规模储能领域有着很好的应用前景。①可以解决电网用电的峰谷调节难题；②风能、太阳能等清洁能源都是间歇性的能源，锂电储能设备配合上述清洁能源的使用，能有效地缓解我国能源紧缺的现状。

锂离子电池负极材料为碳素材料，正极材料为含锂的化合物，没有金属锂存在，只有 Li^+。锂离子电池是以锂离子嵌入化合物为正极材料的电池的总称。锂离子电池的主要组成部分为正/负极、隔膜、电解液和电池外壳，其充放电过程就是 Li^+ 的嵌入和脱嵌过程。当电池充电时，电池正极上有 Li^+ 生成，生成的 Li^+ 经过电解液运动到负极。而作为负极的碳呈层状结构，有很多微孔，到达负极的 Li^+ 就嵌入到碳层的微孔中，嵌入的 Li^+ 越多，充电容量越高。当电池放电时，嵌在负极碳层中的 Li^+ 脱出，又运动回正极。回正极的 Li^+ 越多，放电容量越大。在锂离子电池的充放电过程中，Li^+ 处于从正极→负极→正极的运动状态。这就像一把摇椅，摇椅两端为电池的两极，而 Li^+ 就在摇椅两端来回运动。因此锂离子电池又叫摇椅式电池。目前主流锂离子电池能量密度为 150～300Wh/kg，循环次数可达 3000 次或更多，充放电效率可达 80％～95％，功率上限可达兆瓦级，响应速度可达毫秒级，续航时间长达数小时，技术成熟度较高，已经有大规模应用案例。主要瓶颈为锂资源开采难度大，重度依赖进口。

锂离子电池是在锂二次电池基础上发展起来的新一代高比能二次电池体系。它采用嵌锂碳材料为负极，过渡金属氧化物为正极，溶有锂盐的有机电解质溶液为电解液。通过锂离子在两极间的嵌入—脱出循环以贮存和释放电能。

充电时，锂离子从过渡金属氧化物正极晶隙中脱出，进入电解液。同时，电解液中锂离子嵌入至负极碳层之中。放电时，锂离子从负极碳层中脱出，嵌入至正极材料结构之中。由于充放电过程中不涉及金属锂的沉积和析出，避免了锂枝晶的生长，使得锂离子电池在保持锂二次电池高电压、高比能量的同时，克服了锂二次电池安全性差、寿命短等问题。

（3）钠硫电池。钠硫电池作为一种新型化学电源，自问世以来已有了很大发展。钠硫电池用于储能具有独到的优势，主要体现在原材料和制备成本低、能量和功率密度大、效率高、不受场地限制、维护方便等方面。钠硫电池体积小、容量大、寿命长、效率高，在电力储能中广泛应用于削峰填谷、应急电源、风力发电等储能方面。以下是钠硫电池的工作原理：

1）充电过程：当电池充电时，电流通过电池的正极，钠离子从正极表面释放出来，并迁移到负极区域。同时，电子通过外部电路从正极流向负极。

2）放电过程：当电池放电时，钠离子从负极表面回到正极区域，同时电子从负极通过外部电路流向正极。这个过程将电能返回外部电路，为设备提供电力。

3）能量储存：钠硫电池利用钠和硫之间的化学反应来储存能量。这个反应是在电池的负极区域发生的，它形成了一个高能量的硫化钠陶瓷材料。这种材料在充电和放电过程中能够有效地储存和释放能量。

总的来说，钠硫电池的工作原理就是利用钠和硫之间的化学反应来储存和释放电能。

通常情况下，钠硫电池由正极、负极、电解质、隔膜和外壳组成，与一般二次电池（铅酸电池、镍镉电池等）不同，钠硫电池是由熔融电极和固体电解质组成，负极的活性物质为熔融金属钠，正极活性物质为液态硫和多硫化钠熔盐。固体电解质兼隔膜由工作温度在300～350℃。在工作温度下，钠离子透过电解质隔膜与S之间发生可逆反应，形成能量的释放和储存。

钠硫电池在放电过程中，电子通过外电路由阳极，而则通过固体电解质β-Al_2O_3与S^2结合形成多硫化钠产物，在充电时电极反应与放电相反。钠与硫之间的反应剧烈，因此两种反应物之间必须用固体电解质隔开，同时固体电解质又必须是钠离子导体。目前所用电解质材料为Na-β-Al_2O_3，只有温度在300℃以上时Na-β-Al_2O_3才具有良的导电性。因此，为了保证钠硫电池的正常运行，钠硫电池的运行温度应保持在300～350℃，这个运行温度使钠硫电池作为车载动力电池安全性降低，使电解质破损，从而造成安全性问题。

（4）液流电池。液流电池是一种通过液态电解质进行能量储存和释放的电池系统。其储能原理主要依赖于正负极电解质与电极之间的可逆化学反应。当液流电池进行充电时，正极和负极的电解质通过泵送系统被分别泵入各自的电化学反应室中。正负极电解质与电极发生可逆的化学反应，将电能转化为化学能储存起来。在放电过程中，正负极电解质的化学能被再次转化回电能，实现液流电池的对外供电。

液流电池的容量和功率可以独立设计，因为其储能容量取决于电解质的体积和浓度，而功率则取决于电化学反应室的尺寸和电解质的泵送速度。这种灵活性使得液流电池能够适应不同应用场景的需求。液流电池的规模可以通过增加电解质的体积和泵送系统的规模来扩展，因此在大规模储能领域具有较大的潜力。由于液流电池的化学反应是在电化学反应室中进行的，因此其寿命主要受到电解质的降解和电极材料的腐蚀等因素的影响。然而，这些因素在液流电池中相对较慢，因此其循环寿命较长。由于液流电池的电解质是液态的，相对于固态电池而言，其安全性较高。此外，由于其工作温度较低，也降低了热失控的风险。许多液流电池的电解质可以使用可再生资源制成，如一些有机化合物和金属离子。此外，由于其生命周期结束后，对电解质的处理相对容易，因此对环境的影响较小。

但是液流电池的制造成本相对较高，主要是由于其电解质的材料成本较高，且制造过程中需要使用的泵送系统和电化学反应室的成本也较高。此外，液流电池的运行和维护也需要一定的成本。由于液流电池的电解质是液态的，相对于固态电池而言，其能量密度较低。这意味着为了获得相同的能量储存容量，液流电池需要更多的存储空间和更重的质量。由于液流电池的充电和放电速度受到电解质泵送系统的限制，相对于一些其他类型的电池而言，其充电速度较慢。

尽管液流电池存在一些缺点，如制造成本较高、能量密度低和充电速度慢等，但其优点使得它们在某些应用场景中具有独特的优势。例如，在需要大规模储能的场景中，液流电池的规模可扩展性和长循环寿命等特点使其成为一个可行的解决方案。

（5）燃料电池。燃料电池是一种不经燃料燃烧过程而直接将储存在燃料和氧化剂中的化学能转化为电能的发电装置。20 世纪 80 年代开始，随着环境、节能问题日益突出、相关技术的成熟及电力工业的改革要求，西方发达国家率先开发以高效、节能、低公害为最终目标的实用化和民用化燃料电池，并在全球范围掀起燃料电池研究和应用的热潮。作为一种洁净、高效的发电方式，燃料电池被认为是继水力、火力和原子能之后的最有前景的发电技术。

理论上，燃料电池可以应用于所有采用电能作为动力的领域，目前应用主要集中在交通动力、用户电力、航天、武器、通信等方面，尤其是燃料电池汽车为各汽车制造商看好，成为当今燃料电池应用的最亮点。在国内，燃料电池应用于交通动力的研究更是占据绝对优势。但从国外经验和今后发展来看，考虑到我国能源的结构状况和需求变化，燃料电池在电力系统的应用将产生更为深远的影响。目前，环境保护需求、“绿色能源”开发、电力市场化改革等为燃料电池的电力系统应用提供了良好的契机。

燃料电池的发电原理与其他化学能源一样，即电极提供电子转移的场所，阳极发生燃料（如氢气、甲醇和天然气等）的催化氧化反应，阴极发生氧化剂（氧气或空气）的催化还原反应。电解质将燃料电池阴极和阳极分隔开并为质子提供迁移的通道，电子通过外电路做功并构成电的回路。在电池内这一化学能向电能的转化过程等温进行，即在燃料电池内，可在其操作温度下利用化学反应的自由能。但燃料电池的工作方式与常规化学电源不同，而是类似于汽油机或柴油机，即燃料电池的燃料和氧化剂不存储在电池内部。电池发电时燃料和氧化剂通过外部的存储装置连续不断的送入电池内部，电化学反应后部分未反应完的气体和反应生成物排除电池，同时也需排出一定的皮热，以维持电池工作温度的恒定。燃料电池本身只决定输出功率的大小，而贮存的能量则由燃料和氧化剂的贮罐决定。

燃料电池的能量转换效率高达40%～65%，比传统内燃机高2～3倍。同时，由于燃料电池使用的是电化学反应，而不是燃烧反应，因此其热能利用率高。以天然气等富氢气体为燃料时，二氧化碳的排放量比热机过程减少40%以上。此外，由于燃料电池的氧化还原反应可以生成水蒸气，通常不会产生颗粒物等有害物质。燃料电池的比能量高，液氢燃料电池的比能量是镍镉电池的800倍，直接甲醇燃料电池的比能量比锂离子电池高10倍以上。这意味着在相同重量的情况下，燃料电池能够储存更多的能量。燃料电池的构造简单，运动部件少，工作时噪声很低。由于其内部没有机械运动部件，因此维护成本也较低。只要是含有氢原子的物质都可以作为燃料使用，例如氢气、甲烷、乙醇等。这使得燃料电池具有广泛的应用前景。但是目前燃料电池的生产和维护成本仍然较高，限制了其在一些领域的应用。燃料电池需要持续供应燃料才能维持其运行。为此，需要建立完善的燃料供应系统来支持其使用。尽管燃料电池的技术在不断进步，但在某些方面仍存在技术挑战，例如提高催化剂的效率和降低操作温度等。氢气等燃料具有易燃易爆的特性，因此在使用和储存过程中需要采取额外的安全措施。

“十三五”期间，我国电化学储能技术已经越来越成熟。通过查阅相关报告可知，截至2020年底，全世界已建成的储能工程累计装机规模达到191.1GW，较上年同期增加3.4%。在这些项目中，以锂电池为代表的电化学储能增长势头强劲。电化学储能的装机规模创造了每年 4.7GW 的历史新高，高于 2019 年同期 1.6 倍。据 CNESA 报告，在 2020 年，电化学储能的累计装机容量高达 14.2GW，在诸多储能技术中居第二，仅落后于发展较早的抽水蓄能。而电化学储能技术成熟，应用广泛的锂离子电池的装机规模已经高达 13.1GW。2015～2020 年，在系统稳定性、能量密度、成本、市场发展路径等方面，锂离子电池都被认为是各项电化学储能技术中更值得去深入研究的。

3.3.3 电磁储能

电磁类储能主要包括超导磁储能技术和超级电容储能技术，前者将电能储存于磁场中，后者将电能储存于电场中。电磁类储能在功率密度和循环寿命方面有巨大的优势，可用于解决电网瞬间断电对用电设备的影响，而且可用于降低和消除电网的低频功率振荡，改善电网的电压和频率特性，进行功率因数的调节，实现输配电系统的动态管理和电能质量管理，提高电网应对紧急事故和稳定性的能力。

(1) 超导磁储能。超导磁储能（superconducting magnetic energy storage, SMES）是一种先进的电能储存和释放技术，它利用超导材料和磁场的特性，实现了高效率、大规模的电能储存和快速释放，是一种不需要经过能量转换而直接储存电能的方式。这种技术的主要组成部分包括超导磁体、冷却系统、能量储存系统和控制系统。

超导磁体是一种在低温下表现出零电阻和完全抗磁性的材料。它由超导线圈和低温冷却剂（如液氮或液氦）组成。当外部磁场变化时，超导磁体能够迅速吸收并储存磁场能量。在 SMES 系统中，超导磁体被设计为可以接收和储存大规模的磁场能量。当电网中的电流发生变化时，超导磁体通过感应产生强大的磁场，将磁场能量吸收并储存起来。由于超导磁体的零电阻特性，这种能量储存过程几乎不产生热量，因此能量的储存效率非常高。在 SMES 系统中，储存的磁场能量可以在需要时进行释放。这种释放过程是通过改变超导磁体的磁场状态实现的。具体来说，当需要释放储存的能量时，控制系统会控制冷却系统将超导磁体的温度升高，使其失去超导性，磁场能量会迅速释放出来。这种能量储存和释放的过程可以快速完成，因此 SMES 系统可以用于平抑电网的波动，提高电力系统的稳定性。此外，由于超导磁体的储能密度极高，SMES 系统还可以用于储存大规模的清洁能源，如风能或太阳能，以提供稳定可靠的电力输出。在 SMES 系统的能量释放阶段，失去超导性的超导磁体将储存的磁场能量迅速释放出来。这种释放过程可以在几毫秒内完成，因此可以实现快速、高效的电力输出。在电力系统中，SMES 系统的能量释放可以用于平衡负荷、提高电力质量、应对突发事件等。例如，当电网负荷突然增加时，SMES 系统可以在短时间内释放储存的能量，以维持电网的稳定运行。此外，SMES 系统还可以用于分布式能源系统，提高电力系统的可靠性和稳定性。

超导磁储能技术具有高能量密度，其能量密度可以达到目前市场上的锂离子电池的 3～5 倍。这意味着在相同体积下，超导磁储能设备可以储存更多的电能，从而满足更大的能量需求。由于超导磁储能技术的内部电阻很小，一般需要几分钟的时间即可实现充放电。这种快速的充放电速度使得超导磁储能技术在需要短时间内提供大量电能的场合具有显著优势。超导体作为一种无机材料，其寿命相较于传统电池更为长久。在理想情况下，超导磁储能系统的寿命可以达到数十年甚至上百年，这使得它成为一种长期稳定的能源储存方式。超导磁储能技术中不含铅等残留有害物质，具有较高的环保性。此外，由于其充电和放电过程中不涉及化学反应，因此不会产生环境污染。尽管超导磁储能技术具有许多优点，但其成本较高是一个不容忽视的问题。这主要源于超导材料的制备和低温环境的维持都需要较高的成本。超导磁储能装置需要在低温环境下运行，需要复杂的冷却系统，这增加了系统的维护难度和运行成本。同时，为了保持超导状态，需要严格控制温度和磁场强度，这进一步增加了系统的复杂性。超导磁储能装置的输出功率难以进行精细控制，这主要是因为磁场能量的释放速度与磁场强度和电流大小密切相关，难以实现精确调控。此外，由于超导体的磁滞效应，磁场能量的释放可能会存在一定的延迟和波动，影响电力输出的稳定性。

尽管超导磁储能技术面临一些挑战，但其在高能量密度、快速充放电和长寿命等方面的优势使得它在未来能源储存领域具有巨大的发展潜力。随着科技的不断进步和新材料的研发，超导磁储能技术的成本和稳定性有望得到进一步提高。同时，通过深入研究控制问题，有望实现更精确的功率调控。

(2) 超级电容器储能。超级电容器是一种非常大的极化电解质电容，其电容达法拉级以上，储能密度介于常规电容器与电池之间，是一种新型储能元件。超级电容器中，电荷以静电方式存储在电极和电解质之间的双电层界面上，在整个充放电过程中，几乎不发生化学反应，因此产品循环寿命长、充放电速度快，正常工作的温度范围在－35～＋75℃，极限温度（临界高温与低温）下抗恶劣环境温度的能力强。

超级电容器根据电化学双电层理论研制而成，可提供强大的脉冲功率，充电时处于理想极化状态的电极表面，电荷将吸引周围电解质溶液中的异性离子，使其附于电极表面，形成双电荷层，构成双电层电容。超级电容器历经三代及数十年的发展，已形成容量0.5～1000F、工作电压12～400V、最大放电电流400～2000A系列产品，储能系统最大储能量达30MJ。

超级电容器与电池相比有以下优点：功率密度高；超级电容器的内阻很小；充放电循环寿命长；充电时间短；提供高功率密度的同时能保证；适度能量密度；贮存寿命长；工作温度范围宽，为－40～＋70℃（一般电池是－20～＋60℃）；维护保养成本低，且环境友好，报废超级电容器的后期处理也不会对环境造成污染。然而，超级电容器也存在一些缺点：超级电容器的制造成本较高，主要是由于其内部的电解质材料、电极材料以及生产工艺等方面的要求较高。超级电容器需要在特定的条件下进行充电和放电，如温度、电压、电流等参数都需要严格控制。因此，对于超级电容器的使用和维护需要专业知识和技能，增加了其使用成本和风险。尽管超级电容器的能量密度相对于传统电容器有所提高，但在整个储能领域中，它的能量密度仍然较低。这意味着为了满足一定的能量需求，需要更大的体积或更大的质量。虽然超级电容器可以快速充放电，但其无法持续大电流放电，这是由于其内部结构和化学反应所决定的。

目前，超级电容器价格较为昂贵，在电力系统中多用于短时间、大功率的负载平滑和电能质量峰值功率场合，如大功率直流电机的启动支撑、动态电压恢复器等，在电压跌落和瞬态干扰期间提高供电水平。

2016～2019年，我国超导磁储能系统市场经历了一次显著的扩张，其市场规模从7.23亿元激增至21.16亿元，短短几年内实现了近两倍的增长。而到了2022年，这一数字更是跃升至43.07亿元，明确地反映了该行业在国内的强劲发展势头。尽管这个市场仍然处于其发展的初期阶段，但由于超导磁储能系统在储能领域所具有的巨大应用潜力和前景，国内的相关企业都应高度关注这一行业的后续动态，捕捉其中的发展机遇。从全球范围来看，亚太地区已经显现为超导磁储能市场的主要增长引擎，并在全球市场份额中占据了不可忽视的地位。这一地区的快速工业化和经济增长，结合对清洁能源的持续需求，共同为超导磁储能技术的发展和应用提供了广阔的空间。同时，欧洲和北美也是这一技术的重要市场。欧洲凭借其在可再生能源领域的领先地位和对绿色能源的持续增长的需求，已经广泛地采用了超导磁储能技术。而北美，则凭借其先进的能源基础设施和政府的政策支持，同样在推动超导磁储能市场的发展上起到了关键的作用。超导磁储能行业政策主要围绕推动技术创新、优化产业结构、提高能源利用效率和保障能源安全等方面展开。

3.3.4　热储能

热储能是一种通过加热或冷却存储系统来存储热能的技术，与其他储能技术相比，它结构简单，初始投资低。热能存储技术根据储能材料的不同，分为显热储热、潜热储热、热化学储能等。显热储热技术成熟、操作简单，是目前应用最广泛的储热方式之一。显热储热使用固态相变材料或液态显热材料作为储热介质，通过提高介质的温度来实现储热。熔盐作为储热介质，具有使用温度高、传热性能好、比热容大等优点，被应用于太阳能发电、供暖、余热回收、火电灵活性改造等领域。潜热储热又称为相变储能，它是以相变材料为基础，利用相变材料在物态变化时吸收或放出大量潜热而进行的。与显热储能相比，相变储能具有储能密度大，体积小，输出温度与能量易于控制等特点，可以利用它实现电力的削峰填谷，也可用于新能源，工业和民用建筑节能，废热与余热的回收等领域。

（1）显热储热。显热储热是利用材料的比热容，即通过物质本身的温度改变来储存热量。当外界热源温度较高时，热量将从周围传递到材料中进行储热；将该材料置于低温条件后，热量又会传递出去，提高周围的温度，即放热。

目前显热储热的应用较为广泛，其过程通常只需实现温度控制，操作与管理简单、技术成熟，具有热容大和成本低等特点。依据所用材料物态的不同又可以分为固态显热储热和液态显热储热。100℃以内液态的显热储热材料中，水的性价比是最高的。相对于其他的相变材料，水具有能量密度高、体积小、来源广以及成本低等诸多优势。然而，显热储热的储能密度小、温度变化区间大。在使用过程中，材料的温度会持续变化，从而导致放热速率不稳定。当材料温度与环境温度接近时，热量交换需要的时间较长，储存的热量难以保存，且该项技术所应用的储热系统体积庞大，难以满足紧凑空间使用的要求。

(2) 潜热储热。潜热储热主要涉及相变材料。由于其相变过程的等温性质以及单位储能容量质量低、结构紧凑等特点，潜热储热广受关注。目前，潜热储热的研究主要集中于开发和引进新的储存介质，并采取一定策略来提高现有储存介质的热力学性质，比如，为提高相变材料的导热性，可以结合不同形式的高导电性嵌件。同时，高温蓄热也正处于稳步研究阶段，包括在相变材料中嵌入金属泡沫、利用数学建模来预测高温下复合材料的特性等。

按相变方式可将相变材料分为固-液、固-气、固-固、液-气和液-液相变材料。液-液、固-固相变材料与液-气、固-气相变材料由于相变潜热较小/体积变化较大，不适合作为储热材料。在相变储热中，固-液相变是最为常见的。这一过程发生在物质处于某一特定温度时，经历熔化或凝固会伴随着大量的潜热吸收和释放。此类材料具有储能密度大、相变温度恒定以及相变体积变化小等一系列优点，被认为是储能材料的理想选择。利用相变材料进行热量的存储与释放具有成本低、热效应强、储热密度高、相变温度适宜以及体积变化小的优点，在能量管理、清洁能源的开发利用等方面具有较好的应用前景。但部分潜热储热材料也具有一定的腐蚀性，在使用过程中要考虑相容性问题。

(3) 热化学储能。热化学储能主要是基于一种可逆的热化学反应，通过可逆反应的吸热和放热进行能量的存储和释放。由在热化学储能过程中，热量通过正反应即吸热反应存储起来，并通过逆反应即放热反应释放。在吸热阶段，反应物C吸收热能后发生分解，转化为产物A和B；在放热阶段，产物A和B作为反应物混合后发生反应，转化为产物C，同时释放出热量，反应物和反应产物都可以在环境温度或者工作温度下存储。

热化学储能密度高，热化学储能密度比显热储能密度高1个数量级；热化学储能可以在环境温度下进行，由于没有热损失，储能周期理论上无限长；可以长距离运输。相对于显热储能和潜热储能，具有上述优势的热化学储能成为太阳能转化和存储极有前景的形式，可以实现热能的持续供应，保证太阳能光热电站的连续稳定运行。

（4）熔盐储能。熔盐是指熔融态下的液体盐，工程中使用的熔盐通常指无机盐熔融体。熔盐具有高沸点、低黏度、低蒸汽压力和高体积热的特点，是一种优良的传热储热介质。熔盐储能的基本原理是将熔盐加热至高温，储存化学能，当需要电能时，将热能转化为电能。熔盐储能的核心是盐类的高温熔融特性，使得能量能够以高温高热效率进行转换和储存。与电池储能相比，熔盐储能具有一些明显的优势。熔盐储能的每度电成本较低。电池储能的成本主要集中在制造和回收方面，而熔盐储能则相对较少涉及这些成本。熔盐储能不会对环境造成污染。电池储能涉及电池的内部化学反应，会产生一些有害物质，而熔盐储能几乎没有污染。

我国早在2010年就已进军太阳能光热储能领域，十余年来潜心研究熔盐储能等清洁能源制造技术，先后投资建设了青海德令哈10MW和50MW塔式熔盐储能光热电站。其中，德令哈10MW太阳能光热储能电站是中国首座、全球第三座成功并网发电的塔式熔盐储能光热电站，德令哈50MW太阳能光热储能电站中“适用于光热与储热系统的大功率熔盐吸热器与熔盐蒸汽发生系统”被列入国家能源局发布的2021年度能源领域首台重大技术装备项目名单。2021年11月19日，中国首家航空零碳工厂正式投运，该项目应用熔盐储热技术、分布式光伏发电技术、氢燃料电池技术等多种新能源储能技术。项目配置6MW光伏，年产电量约530万kW·h，可满足产区500万kW·h的年用电量。

3.4 储能性能比较

不同储能的技术特征差异较大，单一的储能技术难以具备快速充放、大容量存储、持续一致性好、可靠性高、成本低等全部条件。表3-5列出了几种常用的储能技术的优缺点。在电化学储能中，锂离子电池相比其他形式电池功率和能量密度高，但循环使用寿命不及超级电容；抽水蓄能具有高储能容量特性，持续使用周期长，适合大规模耗能场景应用，但存在环境和投入成本问题；超导磁储能因超导效应其循环效率比较突出，但能量密度相比却不占绝对优势；氢储能则呈现能量密度最高特点，但其循环效率偏低。针对特定的储能技术的应用场景和需求，应综合权衡选择合适的开发路径和类型，同时可以采取多种储能技术并行开发利用。常用的储能技术的优缺点见表3-5。

表 3-5　常用的储能技术的优缺点

储能类型	优点	缺点	应用情况
锂电池	高功率和能量密度、反应迅速	生命周期取决于放电水平、成本高	最成熟的电化学储能系统
铅酸电池	低成本、技术成熟	功率和能量密度低、生命周期短、维护成本高	最成熟的电化学储能系统
超级电容	高能量密度	电池组件特性的相互依赖、安全问题、环境影响	适用于放电持续时间长的公用事业
压缩空气储能	技术成熟、高储能容量	频率波动、安全隐患、地理位置受限	基建成本高、运维成本多变
飞轮储能	技术成熟、高储能容量、环保、空间占比小	噪声污染、安全问题、单位储能成本高	常用于不间断电源
抽水蓄能	技术成熟、高储能容量、使用寿命周期长	地理位置受限、成本高、功率密度低	基建成本高、运维成本多变
超导磁储能	响应速度快、储能容量高、使用寿命周期长	成本高、冷却问题、有大磁场要求	须配置低温制冷系统
显热储热	操作与管理简单、技术成熟、具有热容大和成本低	储能密度小、温度变化区间大	应用于太阳能发电、余热回收

3.5　本章小结

储能可以控制电能的储存和输出，能够平滑新能源出力、提高系统调峰能力，是支撑构建以新能源为主体的新型能源体系最重要的技术和基础装备之一。本章主要介绍了储能的原理与技术。具体内容如下：

3.1 阐述了储能的基本概念，总结分析了国内外储能产业发展现状。3.2 从电源侧、电网侧、用户侧 3 个方面分析了新型储能在细分应用场景中的作用，电源侧储能可以发电偏差替代、辅助服务盈利、增加绿电收益提高系统稳定性与可靠性；电网侧储能可以参与调频调峰、备用容量、提高传输能力、维持电网稳定运行、缓解线路阻塞；用户侧储能可以进行峰谷套利、需量电费削减和参与需求响应。3.3 将储能按照储存介质的不同，分为物理储能、电化学储能、机械储能、电磁储能、热储能，并详细总结了它们的工作原理及特点。

在物理储能中压缩空气储能技术成熟度比较高，目前已经进入产业化阶段。电化学类储能技术进步最快，电化学储能技术在安全性、能量转换效率和经济性等方面均取得了重大突破，极具产业化应用前景。电磁类储能在功率密度和循环寿命方面有巨大的优势，可用于解决电网瞬间断电对用电设备的影响。热储能与其他储能技术相比，结构简单，初始投资低。显热储热技术成熟、操作简单，是目前应用最广泛的储热方式之一。3.4对典型储能技术的储能性能进行比较分析。

参　考　文　献

[1] 习近平主持召开中央财经委员会第九次会议［J］．预算管理与会计，2021，(4)：4-5.
[2] 习近平．高举中国特色社会主义伟大旗帜 为全面建设社会主义现代化国家而团结奋斗——在中国共产党第二十次全国代表大会上的报告［J］．党建，2022，(11)：4-28.
[3] 王贝，李宾宾，孙广星，等．新型储能技术与产业发展研究［J］．能源与节能，2023，(11)：8-13.
[4] 龚一平，王晨晖，修晓青，等．大规模储能技术及多功能应用研究综述［J］．供用电，2023，40(02)：68-77.
[5] 姜美儿．大规模新能源接入下的电力系统储能优化配置方法研究［D］．华北电力大学(北京)，2022.
[6] 国网湖南省电力有限公司电力科学研究院，湖南省湘电试验研究院有限公司组编；邱应军主编．储能电池及其在电力系统中的应用［M］．北京：中国电力出版社，2018.
[7] A. G. Ter-Gazarian. 国际电气工程先进技术译丛电力系统储能［M］．周京华，等，译. 北京：机械工业出版社，2015.
[8] 唐西胜，齐智平，孔力著．电力储能技术及应用［M］．北京：机械工业出版社，2019.
[9] 杨迪．电网侧独立电化学储能电站投资经济性的分析与研究［J］．电气时代，2023，(06)：94-96.
[10] 余苏敏，苏浩，方陈，等．用户侧储能效益分析与经济运行研究综述［J］．电力需求侧管理，2021，23(03)：2-7.
[11] 陈启鑫，房曦晨，郭鸿业，等．储能参与电力市场机制：现状与展望［J］．电力系统自动化，2021，45(16)：14-28.
[12] 郁海彬，董帅，陆增洁，等．新型电力系统下储能参与电力调峰调频辅助市场的竞标策略［J］．中国电力，2023，56(08)：48-60.

[13] 代航．基于合作博弈理论的用户侧共享储能优化配置及投资效益分析［D］．昆明理工大学，2022.

[14] 曾光，纪阳，符津铭，等．热储能技术研究现状、热点趋势与应用进展［J］．中国电机工程学报，2023，43（201）：127-142.

[15] 胡江溢，杨高峰，宋兆欧，等．支持新型储能发展的国际政策与中国发展模式探讨［J］．电网技术，2024，48（02）：469-480.

[16] 杜云龙，戴强晟，苏大威，等．德国新型储能政策及市场机制对江苏的启示［J］．电力需求侧管理，2024，26（01）：113-118.

[17] 席云华，高艳娜．国外表前电池储能发展现状分析及促进我国储能发展的建议［J］．电力与能源，2023，44（01）：20-22，51.

[18] 李建林，姜冶蓉，李雅欣，等．中国典型储能政策分析［J］．油气与新能源，2022，34（1）：42-47.

[19] 朱晔，徐石明，周德群，等．新型电力系统中储能政策分析和未来发展思考［J］．中国能源，2021，43（11）：48-55，72.

[20] 薛海波，郭嘉林，魏明航，等．“双碳”目标下我国储能产业可持续发展政策探究［J］．能源研究与利用，2024，（01）：37-42.

[21] 董军，彭诗程．双碳目标下我国储能发展及市场参与激励政策建议［J］．华北电力大学学报（社会科学版），2023，143（03）：19-27.

[22] 孙伟卿，王思成，刘宇宸．支撑新型电力系统的储能技术综述与政策解读［J］．自动化仪表，2022，43（12）：1-6，18.

第4章 需求侧响应技术

4.1 简介

4.1.1 背景与意义

在传统的供电模式下，用户为“刚性”资源，不主动参与电网的优化运行，仅通过增加发电机组装机容量来满足负荷需求量的增长。随着国民经济的发展以及环境的恶化，能源需求不断上升，社会用电负荷峰谷差被急剧拉大。为满足尖峰负荷供应而建设耗资数十亿的燃煤电厂是极不经济的且利用率低下方案，容易造成投资冗余。为解决此问题，美国进行电力市场化改革后提出了需求响应的概念，并于 2000 年初引入我国。需求响应（demand response，DR）是电力需求响应的简称，指电力用户根据电力价格、电力政策的动态改变而响应的电力供应，通过暂时改变固有的用电习惯，以达到减少或推移某时段的用电负荷，保证电网系统稳定性的行为。

电力需求响应在现代电力系统中具有多方面的重要意义。相较于提供备用的发电机组，用户侧在传统正常运行时的机会成本为零，依托主动配电网，需求响应项目既可作为独立的调节手段，也可作为现有调节措施的补充，能够提升电力系统运行的经济性和可靠性。提升负荷率被视作需求响应的核心作用之一，即以降低峰谷差为目标对需求侧资源进行合理利用，满足电网在发电、输送和效率方面的优化需求。提高分布式发电的电源利用率是增加系统对可再生能源消纳能力的重要手段，常需要多种需求侧项目结合使用以应对不同发电方式的特性。风力发电具有间歇性与反调峰特性，可利用价格机制引导负荷向夜间转移增加消纳量，并适当利用直接负荷控制调整负荷功率曲线，以适应风电出力变化。光伏发电相较风电存在小型化、分布式特点，通过调节可控负荷能显著提升光伏消纳率，另外考虑将分布式光伏组成用户群并形成内部的价格机制也可有效引导用户的用电行为，提升区域光伏的本地利用率并降低用电成本。从配电网负荷侧的角度出发，设备利用率可由设备极限负载能力、极限负载能力利用率或设备最佳负载能力等多个指标综合衡量。而需求侧响应可利用负荷调节改变系统潮流分布，通过紧急需求响应临时增强系统可用输电能力，达到提升现有网架传输容量利用效率的目标。需求侧响应还可为系统提供灵活性调节资源，在抑制功率波动、频率调节与电压调节方面作用显著，与提升系统运行效率的响应方式相比，其区别主要在于响应速度更快、控制途径更加直接。大量风、光等可再生能源发电接入系统可能产生从毫秒级至小时级的功率波动，需设立一定容量的储能系统加以抑制。由于储能系统造价高昂，需求响应项目提供的响应资源也被认为是以较低成本解决可再生能源引起的联络线功率波动的一种有效方法。

需求响应属于运行层面的概念，而配电网规划属于规划层面的问题，两者分别处于不同的阶段。尽管需求响应和配电网规划为两个阶段的问题，但实际上并非割裂的关系。随着未来大量复杂的新能源设备、智能终端用电设备，以及电力电子开关等器件的接入，系统复杂程度急剧上升，稳定运行受到威胁。为保证规划结果在实际运行中的可行性和可靠性，需要对规划方案进行模拟校验，通过模拟运行规划人员可了解当前规划方案的不足，可寻找更经济可靠的投资方案。因此，规划与运行之间是相互影响的，鉴于需求响应在运行时体现出的明显优势，可以进一步探索需求响应对配电网规划的影响，充分挖掘需求侧资源参与系统规划的潜力。

4.1.2 需求响应的分类

具体的需求响应主要有两种形式：一是价格型需求响应，通过灵活的电价政策引导用户调整用电行为，基于电价的需求响应主要包括分时电价、实时电价、尖峰电价等。二是激励型需求响应，依据签订合同或协议采用经济补偿或电价的方式来激励用户参与负荷调整。基于激励的需求响应主要包括直接负荷控制、可中断负荷响应、紧急需求响应机制、需求侧竞价和辅助服务响应机制等。需求响应结构如图 4 - 1 所示。

分时电价机制通过各时段的价格的设置，来反映供应侧在该时段的成本，

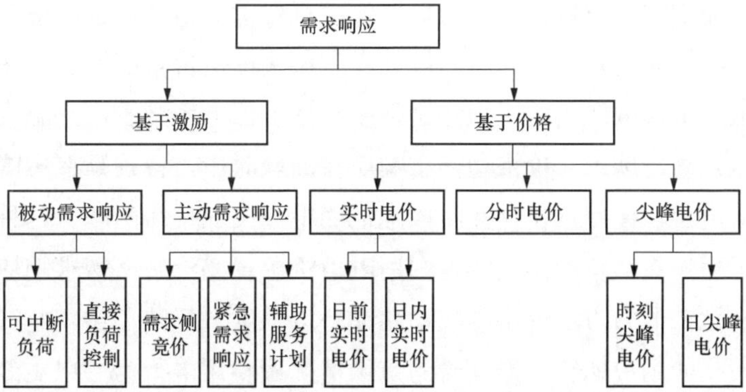

图 4-1 需求响应结构

根据时段划分的时间长短不同，包括季节电价、节假日电价、峰谷电价等。尖峰电价则是在分时电价的基础上，在负荷峰值区再叠加较高的价格，通常在系统出现紧急情况下采用。实时电价是动态电价，直接反映日前或实时的购电成本，实时电价机制的时段划分更为细致，实施难度较大。可中断负荷指在系统负荷峰值时段，调度部门依据与电力用户签订的合同，削减或中断部分负荷。辅助服务计划和直接负荷控制可以参与小于 15min 调度。综上所述，需求侧响应具有如下的特点：①需求侧响应的作用是通过与电力用户签订合同，调节现有电力负荷的特性，来满足配电网的可调需求，是实现配电网电力供需协调的重要手段和推动力。②基于价格的需求侧响应更偏重于规划层面，时效性不强，其响应机制的响应时间通常大于 24h，无法应对系统短时间尺度的突发状况。③基于激励的需求响应的响应时间较快，响应机制灵活。因此，基于激励的需求响应中的直接负荷控制具有无须响应时间、可适应高响应频率的特点。

4.2 价格型需求响应

价格型需求响应指根据价格信息引导用户主动改变固有的用电模式，在峰时段减少用电，在谷时段或平时段时增加用电，适当调整其用电量以免出现新的用电高峰。它在电力市场扮演着举足轻重的角色，这主要是因为电价的波动会左右人们的用电规律和需求。供电部门按照发电成本和市场需求来制定电价，而用户会据此来相应地规划他们的用电模式。价格型需求侧响应就是让用户直接面对基于时间以及空间的价格信号并自主做出用电时间和方式的安排和调整。这种需求响应策略具有几个显著的特点：①价格型需求响应强调时段差异性。通过在一天内划分不同时间段并设定相应的电价，能够引导用户在低负荷时段增加用电，减轻负荷压力。这种差异性定价体系激发用户更灵活地规划和调整用电计划的动力。价格型需求响应在高峰时段，特别是在尖峰时段设定相对较高的电价，使用户在这些时段降低用电，实现负荷削峰。这种激励机制有效促进了用户更加智能、灵活地利用电力资源。②价格型需求响应体现了市场化和经济性。电力市场价格的波动性在一定程度上反映了供需状况，价格型需求响应策略使用户能够根据实时的市场情况调整用电行为，以更经济、高效地使用电力资源。这有助于提高用户的用电成本效益，提高用户参与电力市场的积极性。价格型需求响应具有这些特点使它成为电力市场中的一项重要策略，不仅有助于提高电力系统的运行效率，也能够使用户更灵活地参与市场，实现共赢。接下来，本小节将详细介绍分时电价、实时电价和尖峰电价等具体的价格型需求响应策略，以揭示它们在实践中的运作机制和效果。

4.2.1 分时电价

分时电价机制是指电价随用电所处时段、日期、季节不同而不同的电价机制，它旨在通过电价引导用户调整用电方式，从而平滑负荷曲线，提高系统运行效率。其核心概念是根据一天内不同时间段的电力供需状况制定相应的电价。分时电价通常将一天分为不同的时段，例如高峰时段、低谷时段和平谷时段。峰时段通常发生在一天中负荷最高的时刻，一般为白天的工作日时段，此时设置高电价来让用户在该时段减少用电。而谷时段通常出现在深夜或清晨时段，此时设置低电价来让用户在该时段增加用电。平时段则介于峰谷之间，负荷处于中等水平，其电价相对于峰时段较低，相对于谷时段较高。需要注意的是，具体的峰、谷、平时段划分可能因地区、季节和工作日等因素而异，因此用户应参考当地电力政策和电价安排。在这种背景下，电力供应商通常会采取差别电价策略，以反映不同时段的供需状况。高负荷时段的电价通常较高，以反映供电压力和较高的用电需求，使得用户在此期间谨慎用电。而低负载时段，电价通常较低，以鼓励用户在这些时段更多地用电，以消耗过剩的电能。

除了峰谷电价以外，还有丰枯电价和季节电价等形式，以更灵活地适应电力系统的运行需求和用户的用电行为。分时电价的常用形式如图 4-2 所示。丰枯电价则针对季节性电力资源供应的变化，调整电价以在资源充沛和资源短缺时期引导用户更合理地利用电力。季节电价考虑不同季节的用电需求差异，通过设定不同的电价水平来应对季节性的电力负荷波动。这些灵活的分时电价形式不仅有助于提高用户用电的经济性，也为电力系统提供了更为智能、高效的负荷管理工具。

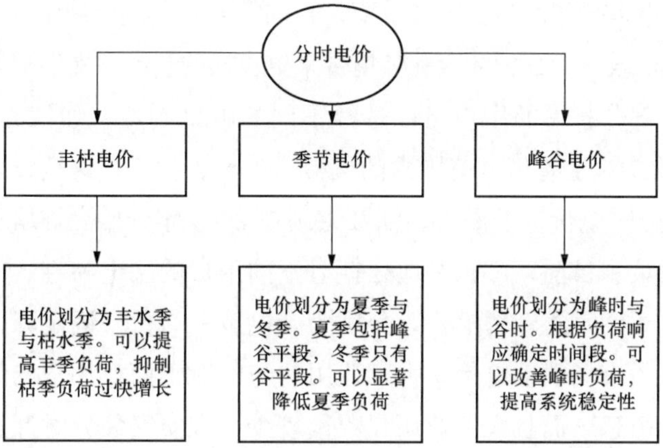

图 4-2　分时电价的常用形式

相对于传统的定价策略，实行分时电价有显著的优点。对于用户而言，它鼓励用户在电价较低时段使用电力，促使人们对包括洗涤、运行高耗电装置、电动汽车充电以及电力储备在内的用电进行更有效的管理。有助于减少不必要的能源浪费、节约电费开支、减少对有限能源资源的依赖、降低环境负担。对于电力系统而言，分时电价政策可以在电力供需平衡中发挥积极作用，通过上调尖峰时段电价引导用户降低这一时段的用电量，从而减轻电力系统的负担，提高供电可靠性。对于发电厂而言，分时电价使得用电高峰时段与可再生能源发电时段尽量相匹配，这有助于减少化石燃料的使用量，减少温室气体的排放，促进清洁能源的发展。总之，分时电价政策为实现用电的智能管理、能源节约、负荷平衡和可再生能源整合提供了一种有益的工具，但其成功实施通常需要政府和电力公司的全力支持和广泛推广。

分时电价政策实施亦伴随着一些限制。政策的复杂性可能使一部分用户感到困惑，需对其进行指导以充分了解和应对不同时段的电价变化。同时，分时电价可能会给那些在高电价时段缴纳较高电费的家庭，特别是低收入家庭带来经济上的困难，最终导致社会公平问题。另外，该政策的出台可能需要大规模的基础设施投资，包括智能电表的安装以及相关设备的安装，可能会对部分资源缺乏的地区形成挑战。

综合考虑，推动电力智能化、节约能源和负荷平衡，推动可再生能源发展，分时电价政策带来显著利好。但也要面对一些挑战，比如基建投资方面的需求。因此，政府和电力公司的角色至关重要，它们需要共同制定政策，以确保能够有效执行分时电价政策，并为社会和环境带来更长远的利益并提供支撑。

在我国，部分省份的用户可以选择不同的电价制度，如江苏省自 1999 年 10 月 1 日开始，对全省供电范围内的机械、冶金、化工、医药、建材、纺织等 6 大行业实行分时电价。安徽省、浙江省则在 2004 年开始允许居民自愿选择执行分时电价政策。目前，广东等地区针对不同用户的用电特性、服务需求，制定可供选择的 4 种零售套餐模式，分别为全电量一口价、固定峰平谷电价、自定义阶梯电价、市场联动电价。大工业用户与一般工商业用户的用电量大，对电价波动较为敏感。而且大工业用户数量较少，方便安装分时计量表和调研分析，因此较多地区推行分时电价政策初期执行范围一般为大工业用户。如湖北开始实行分时电价政策时仅对 100kVA 及以上的非普工业、商业和大工业用户实施分时电价。21 世纪初，由于经济发展迅速，电源建设无法适应负荷增长速度，供不应求问题严重，再加上居民用电量日益增加，调度潜力大，较多省市开始大力推广需求侧管理政策，将居民纳入分时电价执行范围。目前，大部分地区在大工业、一般工商业、居民范围内开展分时电价政策。

截至 2023 年底，全国 29 个省份已经陆续发布完善的分时电价政策。从内容上看，主要是完善峰谷时段划分、拉大峰谷价差、建立尖峰电价机制、扩大执行范围、明确市场化用户执行方式等。各省分时电价机制内容大体相同，部分有差异，大部分省份的峰谷价格较平段上下浮动约 50%，部分省份峰谷价差则更大，最大达 4.5∶1。2023 年部分省/市分时电价政策如表 4-1 所示。

表 4-1　　2023 年部分省/市分时电价政策

省/市	时间	文件	峰谷电价水平
贵州	6 月 10 日	《关于完善峰谷分时电价有关事项的通知》	峰平谷比价从现行的 1.5∶1∶0.5 调整为 1.6∶1∶0.4

续表

省/市	时间	文件	峰谷电价水平
四川	5 月 30 日	《四川省发展和改革委员会文件》	高峰时段：10:00—12:00、15:00—21:00。 平段：7:00—10:00、12:00—15:00、21:00—23:00。 低谷时段：23:00—次日 7:00
重庆	8 月 31 日	《重庆市发展和改革委员会关于建立居民分时电价机制的通知》	高峰时段：11:00—17:00、20:00—22:00，在平段电价基础上提高 0.10 元/（kW·h）。 低谷时段：00:00—08:00，在平段电价基础上降低 0.18 元/（kW·h）。 平段：08:00—11:00、17:00—20:00、22:00—24:00，平段电价为国家规定的销售电价
广西	5 月 30 日	《关于迎峰度夏度冬期间峰谷分时电价政策调整有关事项的通知》	高峰时段调整为每日 10:00—12:00、18:00—22:00，其中尖峰时段调整为实施月份的每日 19:00—21:00；平段调整为每日 6:00—10:00、12:00—18:00、22:00—24:00；低谷时段保持不变峰谷比价继续按现行政策规定执行，峰段电价在平段电价基础上上浮 50%，谷段电价在平段电价基础上下浮 50%
北京	5 月 17 日	《本市分时电价机制等有关事项的通知》	一般工商业用电峰平谷电价比例统一调整为 1.8∶1∶0.3，大工业用电峰平谷电价比例统一调整为 1.6∶1∶0.4。尖峰电价在高峰电价基础上上浮 20%

分时电价机制调整对电网运行、电力保供、灵活性资源配置以及终端用电行为产生了较大影响，具体概括如下：

（1）引导系统各环节灵活性资源合理运用，低谷时段充电、用电，高峰时段发电、放电。根据《中共中央　国务院关于全面推进美丽中国建设的意见》，到 2027 年，新增汽车中新能源汽车占比力争达到 45%。此外，随着灵活性资源体量的不断增长，其在削峰填谷、缓解电力保供压力方面的作用将会越来越大，需采取有序用电、拉闸限电的极端场景将越来越少。

（2）峰谷电价价差的拉大，储能削峰填谷套利的空间增加，有助于激发社会资本投资建设发电侧及用户侧储能的热情，缓解电网投资压力。以广东为例，峰谷电价政策与电力现货市场运行机制双管齐下，对能源的多样性不断探索。广东梅州宝湖储能电站作为我国独立储能首次成功以“报量报价”的方式进入电力现货市场，迈出了储能市场化新商业模式的第一步，有一定的借鉴参考意义。

（3）由于用电习惯不同产生差异性电费，用户会切身感受到电价变化，有助于提高用户对电价变化的敏感度，更好地引导用户用电行为，进一步形成更加合理的反映用电成本、供求关系和资源稀缺程度的电价机制。

（4）在电网运行方面，目前以省为单位执行峰谷分时电价，存在加重局部电网运行压力的风险。部分省内城市因新能源建设不均匀，反映其供需关系的峰谷时段与整个省的峰谷时段不相匹配，用户在整体划分的峰谷时段引导下调整负荷，可能造成部分时段局部电力紧缺或过剩，增大局部电网运行压力。推进建设全国统一电力市场，可将全天真实的供需关系以节点电价的形式反映出来，进而有助于各省区对分时电价作进一步针对性调整。

4.2.2 实时电价

实时电价（real - time pricing，RTP）是在电力市场条件下，着眼于电力的瞬时供需平衡，兼顾电力系统的安全运行，以电力的长期边际成本结合短期边际成本为定价依据的一种定价方法。作为动态的定价机制，它的更新周期极短。目前，市场一般采用两部制电价，即通过基线负荷区分定价与通过节点制定电价。在基线负荷以内采用分时电价或固定电价，针对基线负荷以外的部分负荷则会采用实时电价。由于实时电价会将价格敏感型用户直接与电力市场联系起来，任何的实时反馈都可能会导致电网波动性增加，从而提升系统故障的风险。为了提高系统的稳定性，实现价格平滑切换，一般通过节点制定电价。通过最优潮流（optimal power flow，OPF）对各节点进行建模，再进行区别定价。最优潮流模型可以设置电力系统稳定运行的约束条件（如支路潮流约束、可变电容器约束等），将定价问题转换为非线性优化问题。

在电力市场中，采用节点制定电价存在着诸多的优点，比如可以通过潮流计算和设备运行状态得到节点费用，准确度高；可以利用模拟软件（如PSAT、

PSS/E 等）进行自定义模拟，选取不同的目标函数对相应节点进行分析；能够反映不同位置的母线在不同时刻的价值信号，进而选择调整方案，从根本上提升电能的使用效率；有助于平衡负荷，减少高峰时段的用电需求，降低供电压力，提高电力系统的稳定性和可靠性。除此之外，实时电价政策鼓励用户使用智能电表和设备来监测电价和用电情况，以在低电价时段使用电力。这有助于智能管理用电，减少用电成本。实施实时电价政策还鼓励新的电力供应商进入市场，提供更多的选择和竞争，从而尽可能降低电价并提高服务质量。

实时电价在电力市场上的优势很多，但是它也存在着一些明显的不足和挑战，比如实时电价受供需关系的影响大，不同的时间段下，供需关系发生变化，价格也随之波动。这使得用户很难对电费支出进行准确的预测，特别是在电力需求较高的时段或电力供应紧张的时候。家庭、企业用电成本的不确定因素可能因价格波动的影响而增加。实时电价政策的推行鼓励需求侧管理，但也带来了管理的复杂性的问题，并可能需要额外的投资和技术支持，这对一些管理者而言可能过于复杂，降低了管理体系的效率。而且额外的投资和技术支持可能需要巨大的成本投入。而且在所有电力市场，尤其是一些偏远地区或资源有限的地方，由于需要先进的基础设施和市场机制，因此实时电价未必能在所有地区轻易执行。总之，实行实时电价策略需要通盘考虑，特别是要解决电价不稳、峰顶过高、社会公平等问题，电价的稳定性更是不可忽视的。政府和电力企业需要制定政策，为广大消费者带来实实在在的经济和环境效益提供支持，并确保电价实时政策的正确施行。

4.2.3　尖峰电价

尖峰电价（critical peak pricing，CPP）是一种在分时电价与实时电价的基础上执行的电价方案。实时电价应对负荷剧烈波动的能力相对较弱，可通过设置尖峰时段与对应的尖峰价格并在电价实施之前告知用户，推动用户避开尖峰用电。在尖峰电价制定时，时段的划分举足轻重。尖峰时段划分方法如下：

（1）基于模糊隶属度函数划分。首先确定负荷曲线的最大峰值点和最小谷值点，然后由隶属度函数确定其余点在尖峰时段的可能性，最终完成时段划分。

（2）基于成本—负荷函数划分。将供电成本综合计算，根据日发电量的比率分摊到各个时段，构造出成本—负荷曲线。通过对比曲线的增量进行时段划分。

(3) 基于差异因素法划分。依据原始负荷数据，采用计算方差的办法确定差异因素，得出时段划分方案。

与传统的定价策略不同，尖峰电价时段会有更高的电费，这使得人们更倾向于在低电价时段使用电力，从而促进了节约能源和智能用电；尖峰电价的上调有助于负荷的均衡，能够减轻需求高峰期繁忙时段电力公司和输电设施的负担，在一定程度上避免出现突发状况而导致电力中断的情况，提高了电力系统的可靠性；尖峰电价政策为减少高电价时段的耗电量，鼓励用户使用智慧电能表及装置监控电价，帮助用户更加合理地管理电量并提高电能使用效率。

尖峰电价政策虽有诸多好处，但也有不足和挑战。其中包括技术限制，部分用户可能缺乏适当的技术设备和知识来有效管理其用电需求；信息不对称，用户可能缺乏了解尖峰时段和电价变化的信息，从而无法做出相应调整；行业利益冲突，部分行业可能难以在高峰时段减少用电需求，导致其利益受损；基础设施不足，一些地区可能缺乏支持尖峰电价政策的基础设施，如智能电能表和电能存储设备。因此，尖峰电价政策的实施需要综合考虑这些因素，以克服挑战并确保政策的有效实施。

截至2023年底，29个地区中均已发布了尖峰电价新政策尖峰电价方面，除浙江、安徽和广东外的所有执行尖峰电价的地区都体现了季节性设定，即尖峰时段出现在固定月份而非全部月份，其中1、7、8和12月是执行尖峰电价主要月份。浙江无论是大工业还是一般工商业，在全年各月均有固定尖峰时段；安徽未设计固定的尖峰时段，而是在全年按气温不大于－5℃或不小于36℃灵活执行上浮；广东则综合采用了固定月份尖峰和全年气温尖峰两种方式，7～9月整月及其他月份中日最高气温达到35℃及以上的高温天实施尖峰电价。2023年地方尖峰电价政策如表4-2所示。

表4-2　　2023地方尖峰电价政策

省份	时间	文件	尖峰电价设置
浙江	2024年2月2日	《省发展改革委关于调整工商业峰谷分时电价政策有关事项的通知》	大工业电价夏冬季尖峰上浮98%，一般工商业电价夏冬季尖峰上浮65%

续表

省份	时间	文件	尖峰电价设置
安徽	2023 年 12 月 9 日	《关于进一步优化峰谷分时电价政策等有关事项的通知》	尖峰电价执行范围为用电容量 315 千伏安及以上执行工商业两部制电价的工业用户，执行时段为 7 月、8 月、1 月、12 月，尖峰电价在高峰电价基础上上浮 20%
广东	2023 年 8 月 13 日	《关于进一步完善我省峰谷分时电价政策有关问题的通知》	尖峰电价在上述峰谷分时电价的峰段电价基础上上浮 25%
山东	2023 年 11 月 30 日	《2024 年分时电价执行公告》	尖峰时段上浮 100%
新疆	2023 年 9 月 7 日	《关于进一步完善分时电价有关事宜的通知》	尖峰时段电价在平段电价基础上上浮 100%
辽宁	2023 年 8 月 25 日	《关于进一步完善分时电价机制有关事项的通知》	尖峰时段用电价格在高峰电价基础上上浮 25%
宁夏	2023 年 11 月 6 日	《关于完善工商业分时电价政策有关事项的通知》	尖峰时段在平段价格基础上分别上浮 80%

4.3 激励型需求响应

激励需求响应（incentive demand response，IDR）是指具有实施需求响应项目能力的主体，如电力公司、负荷服务公司等，通过制定各种措施，引导用户在系统可靠性受到影响或电价较高时及时响应并削减负荷。

激励需求响应涉及的关键要素很多，但其核心永远是激励策略。通过提供奖励、电费折扣、能源券或其他经济奖励等激励措施鼓励用户在特定情况下减少用电。这些激励方式通常与电力系统的需求、电力供应压力或可再生能源的生产时间等因素联系在一起。通信与监控系统是确保激励需求成功响应的关键要素，可以对电力价格波动以及激励措施进行实时监控。用户可以通过这些系统知晓市场变化和激励机制并进行调节。激励型需求响应还要求参加者在电力使用上具有一定的灵活性，即能够灵活地根据激励和通信对电力活动进行调整。这其中可能包括推迟部分电力消费活动，或者将其移至低电价时段等。市场参与也很重要，它主要包括激励需求响应市场中用户、电力企业等相关各方的参与，这就要求通过合同、协议和市场机制来保证激励需求响应的有效执行。

4.3.1 直接负荷控制

直接负荷控制（directed load control，DLC）简称直接负控或负控策略，指负荷服务机构或系统运营机构在系统或地区配电网发生紧急情况下在不给用户提前通知或只短时间提前通知的前提下以支付给用户一定奖励或电费折扣为交换遥控调整或关闭用户电器设备的策略。由于控制策略具有一定的强制性，适用范围大多集中在居民或者小型商业用户，并且负荷的状态改变时间较短。它的控制对象主要为空调、电热水器、冰箱等具备一定储能特性的负荷。随着电动汽车的发展，充电站也成为直接负荷控制不可或缺的一部分。直接负荷控制的控制方法有许多，如直接切断设备供电；采用等占空比方式对设备开关状态进行循环控制；通过转换设备运行状态实现与切断供电类似的效果，如调节空调温度、改变冰箱制冷模式等。实施直接负荷控制的关键在于实时监测负荷状态，以便快速响应负荷削减指令。同时在负荷控制结束后，要及时应对反弹负荷，防止系统产生“二次峰荷”。目前，直接负荷控制在高级量测体系的支持下由负荷管理中心发布指令，对负荷进行分类、分时控制。直接负荷控制结构如图 4-3 所示。

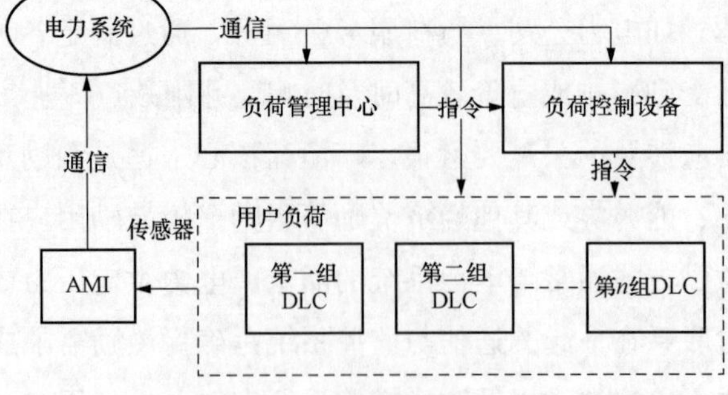

图 4-3　直接负荷控制结构

实施直接负荷控制（implement direct load control，IDLC）是一种涉及多个要点的电力管理策略，为保证其有效性和可行性，需要特别注意以下几个方面。从监管方面考虑，要实时监控用户的用电情况，建立一个高效的通信监控系统必不可少。这就涉及使用远程控制装置的传感器。但为了追求负荷控制，也必须遵守相关规定和隐私政策，以确保用户隐私得到充分尊重。从用户方面考虑，负荷控制计划和时间安排需要透明公开，使得用户有充分的时间去调整用电安排。在可能的情况下，应该鼓励用户参与决策过程，以提高用户的满意度和配合度。用户的教育也是不可或缺的一部分，要对直接负荷控制的工作原理、潜在利益和影响进行解释，以增进用户的认识并吸引用户的参与。从供电方面考虑，要明确负荷的优先级，电力供应紧张或用电高峰需要减少低优先级负荷，以保证高优先级设备，如暖气、制冷和安全系统的用电。最后，从应急方面考虑，要做好应急预案，应对突发的供电问题或突发事件，技术保障是必不可少的。工作人员要确保技术保障设施可用，确保直接负荷控制系统正常运行，并及时解决技术难点问题。

通过对这些关键要点的综合考虑和有效管理，在保护用户隐私和权益的同时，能够成功实施直接负荷控制，提高电力系统的可靠性和效率。

4.3.2　可中断负荷

可中断负荷策略（interruptible load，IL）是指在电网高峰时段或紧急状况下，用户负荷中心可以中断的部分。可中断负荷通常通过经济合同（协议）实现。它由电力公司与用户签订，在系统峰值时和紧急状态下，用户按照合同规定中断和削减负荷，电力公司给予用户一定的经济补偿。

可中断负荷相对于直接负荷控制对象而言，主要针对大型工业和商业用户。它为电力公司提供了一种工具来管理电力需求以避免电力供应出现问题，它还能改善电力系统的稳定性，以及在需要的情况下执行短暂的中断。在系统实际运行中中断负荷存在一定的响应时间，中断速率越大，系统运行越稳定。同时，不同用户在不同的时间会提供不同的可中断容量，中断容量越大，系统调峰量越大。因此，需求侧响应需要考虑的主要因素为最大中断速率和最大中断容量。确定最大中断速率首先要从电源管理数据中识别出中断响应部分，然后计算最快的负荷下降率，即为最大中断速率。通过比较常规负荷曲线和中断响应后的负荷曲线之间的差异，就可以确定最大中断容量。

可中断负荷的优点包括缓解负荷高峰时段供电紧张、削峰填谷、系统备用服务以及缓解系统阻塞等方面。通过需求侧响应实现电网供需两侧的双向互动，缓解电力短缺、保障电网安全稳定运行。在一年四季中，人们在夏季和冬季时的生活用电要大于其他季节，系统的负荷曲线会出现峰谷交替。同时在一天之中也会出现峰谷交替的现象。但发电厂为此配备的备用容量通常得不到有效利用。实施可中断负荷，让弹性负荷在系统峰荷时段中断负荷并获得补偿，低谷时段消耗电能受惠于低电价，在节省用户用电成本的同时实现了资源的优化配置。此外，若在电力市场中将可中断负荷作为一种备用容量，与发电机组的旋转备用联合优化运行，在考虑系统的可靠性与可中断负荷成本之间关系情况下，可以使得运行备用费用最小。而在实时电力市场的阻塞管理问题中，把可中断负荷作为系统处理实时紧急情况的手段，并考虑调整报价，建立可中断负荷的阻塞管理模型，达到调整费用最小，实时阻塞管理会更加灵活。

随着近年来我国配电网智能化水平的不断提高，可以参与可中断负荷实施的用户种类从单一的大型工业用户拓展到中小型工业用户及商业用户。中小型用户参与可中断负荷主要通过负荷聚合商来进行。负荷聚合商整合中小型用户的负荷资源，与用户和电力系统双方签订协议，在需要中断时通过智能化的电网批量化管理中小型用户负荷。目前可中断负荷在系统调峰中起到的作用越来越显著。随着电力市场化改革的不断推进，与可中断负荷相关的效益分析越来越完善，可中断负荷的定价机制越来越合理，吸引了更多用户参与其中。如江西省在2015年开始实施可中断负荷管理，实施时间定为冬夏季早晚高峰。

4.3.3 需求侧竞价

需求侧投标竞价是需求侧资源参与电力市场竞争的一种实施机制它使用户能够通过改变自己的用电方式以投标的形式主动参与市场竞争并获得相应的经济利益，用户不再单纯是价格的接受者。供电公司、大用户可以直接参与需求侧投标，小型的分散用户可以通过第三方的综合负荷代理机构间接参与需求侧投标。需求侧竞价机制的好处在于它提供了一种能够更灵活地管理电力需求的方式，特别是在需求高峰期，市场驱动可以通过竞价机制来实现。这意味着用户可以根据市场行情和自身需求来决定是否愿意减少使用电力，以获得经济上的刺激。这不仅有助于维持动力系统的平衡，而且对于那些寻求动力使用和成本平衡的用户来说，这一点也提供了更多的掌控权。它还能在价格、效率、可靠性等方面，促进电力需求管理持续改善，通过市场竞争对不同需求方进行资源和解决方案的比较，提供更好的电力管理解决方案。

但需求侧竞价机制要成功实施，需要建立明确的市场规则和合理的市场框架，确保公平竞争和合理配置资源。需求侧招标机制为用户提供了一个机会，在帮助系统持续高效运行的同时，积极响应电力市场的需求。在这一机制中，一般大用户的用电需求比较顺畅、持续，小用户则变化较大。因此，小型用户通常需要通过负载聚合商（load aggregator，LA）参与竞价，以获得更多的市场机会和优势。需求侧竞价不仅为用户提供了经济激励，还促进了电力市场的发展，为可再生能源的推广和电力系统的稳定性作出了重要贡献。同时，它在促进可持续性方面发挥了积极作用，有助于满足不断增长的用电需求并推动电力市场的进一步发展。负荷聚合商交易流程如图 4-4 所示。

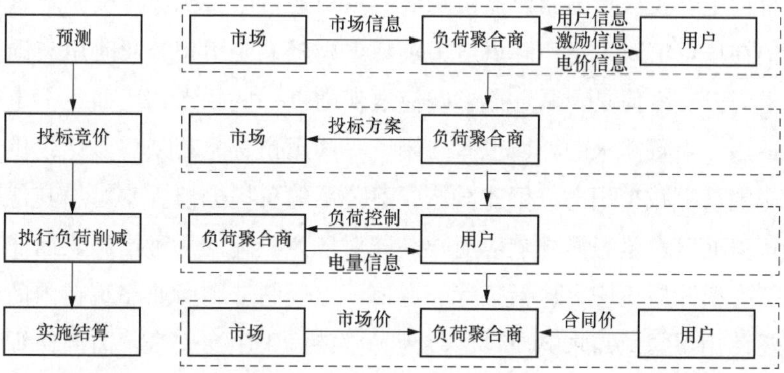

图 4-4　负荷聚合商交易流程

4.3.4　紧急需求侧响应

紧急需求侧响应（emergency demand response，EDP）由系统运营机构设置一个激励性价格，在出现系统可靠性事件时，用户削减负荷并获得相应的激励性支付。但这种削减是自愿的，用户也可以忽略系统运营机构发出的通知和请求，一般不会造成惩罚。可靠性事件由系统运营机构按安全可靠性标准事先公布，一般来说，参与的用户将在预计发生紧急事件前 24h 接到通知，并在接近实时的时候再次接到确认。但由于参与紧急需求响应的资源具有很大的随机性，因此对紧急资源的定价成为关键问题。紧急资源的定价过低可能会使用户产生响应，进而产生额外负荷，严重干扰系统恢复平稳运行。

需求响应管理中经常存在突发事件和电力供应不足的情况，如自然灾害、电力网络故障和极端天气等，这些情况可能会对电力网络造成严重威胁，因此电力公司需要和那些积极参与紧急需求响应计划的用户一起快速降低电力消耗，以确保系统的稳定性。当系统提供低价紧急资源时，价格曲线初始值较无紧急状态有所下降。随着系统紧急状态的提升，价格将产生进一步下降。由于低价格补偿无法持续进行，系统一定要有维持充足的应急资源、发挥额外的响应能力。

紧急需求响应作为电力管理的战略，在实际应用中起到关键作用，但其一系列的利弊也在实际应用中逐步凸显出来。紧急需求响应具有敏捷的特性，用户有能力在短时间内紧急减少电力消耗，这有助于电力公司调整电力供应，使系统保持稳定。积极参与紧急需求响应的用户通常会得到经济奖励，这种奖励激励他们在危急情况下迅速降低电力消耗，减轻系统负担，同时也有助于降低自己的电力开支。但是，紧急需求响应也伴随着一些缺点，比如不一定对所有用户都适用，而且需求的弹性也有限制。一些用户，尤其是需要持续供电的行业，未必能马上减少用电，可能会造成不公平的负担分摊。相对于其他电力需求管理策略而言，紧急需求响应通常是应对危急状况的一种措施，而非日常管理工具。在实际应用中，包括医疗、通信、工业制造和商业建筑在内的各个领域都广泛使用了紧急需求响应。医院为了维持病人生命安全，需要保证设备不间断供电，保证通信畅通无阻，而且还要保证供电稳定。在工业制造领域，为应对突发事件，大型工业企业要能够灵活地根据需要对生产过程进行调整。

从总体上看，应急需求具有响应迅速、实际应用广泛等优点，在电力管理中具有不可或缺的作用。但也要认识到它的局限性，要保证电力系统的可靠性和稳定性，需对不同的策略进行综合考虑。

4.3.5 辅助服务计划

辅助服务指的是能满足系统的调频、旋转备用、非旋转备用或补充备用等需求侧响应项目，包括紧急需求响应项目和直接负荷控制项目。用户或负荷服务机构可以用合乎要求的响应资源参加辅助服务类项目的竞标。如果其竞标成功，则用户的响应资源将被作为系统备用，用户将获得一个与发电侧相同市场价的容量支付。而当用户在事件日收到削减通知，并实现约定的负荷削减，将再次获得该现货市场电量价格的支付。辅助服务类项目要求响应资源的容量很大，并具有以分钟计算的反应速度。

电力辅助服务的种类分为有功平衡服务、无功平衡服务和事故应急及恢复服务。主要包括调频辅助服务、调峰辅助服务、备用辅助服务、黑启动等。调频辅助服务的主要作用是保持电力系统频率的稳定性。电力系统中的频率通常应保持在安全范围内以确保电力设备的正常运行和电力传输的可靠性。当负荷突然增加或可再生能源输出功率波动时，系统频率可能会发生变化。调频辅助服务通过快速调整发电厂的输出或负荷侧的用电来消除频率偏差，使频率保持在目标水平。例如，需求响应是一种管理电力系统负荷的方法，使其能够在需要时减少或增加用电。商场的空调负荷可以通过需求响应的方式参与调频辅助服务。在电力系统频率下降时，商场可以减少空调系统的负荷，通过提高室内温度或减少空调系统的运行时间来减少用电。这有助于释放额外的电力到电力系统，帮助提高频率。相反，在电力系统频率过高时，商场可以增加空调负荷，通过降低室内温度或增加空调系统的运行时间来增加用电。这有助于吸收多余的电力，帮助降低频率，提高可再生能源消纳量。

调峰辅助服务的主要作用是在负荷用电高峰时段减少电力系统的总负荷或提供额外的发电量以满足负荷需求，在负荷用电低谷时段增加负荷用电量或者减少发电侧发电量，实现发/用电量平衡。例如，一家大型工业企业，它的用电需求在白天的工作时间内很高，尤其在每天的下午高峰时段。这种高负荷时段可能对电力系统造成压力，因为需要满足工业企业和其他用户的用电需求。在这种情况下，该大型工业企业可以通过与电力系统运营者或需求响应服务提供商合作，参与调峰辅助服务，以帮助电力系统应对峰值负荷。可以在电力系统高负荷时期通过降低生产线的运行速度，暂停某些设备或工艺，或者降低照明强度来主动减少其用电需求。达到降低企业的用电需求，减轻电力系统负担的目的。

备用辅助服务旨在应对突发负荷增加、设备故障或可再生能源出力波动等意外事件，通过预留调节能力，并在规定的时间内响应调度指令来维持电力系统的频率稳定和供电可靠性。备用辅助服务涉及可立即调用的备用电力容量，可快速响应频率变化，确保频率保持在可接受范围内，以避免设备损坏和电力中断，弥补任何意外电力需求的差距。随着可再生能源的增加，备用辅助服务有助于平衡其波动性，确保电力系统可靠供电，即使在无风或阴天时也能提供电力。例如，储能系统可以提供容量备用服务，以满足电力系统在高负荷时段或突发负荷需求增加时的额外电力需求。储能系统通过在需要时释放存储的电能，迅速提供额外的功率，以维持电力系统的稳定性。

黑启动是指在电力系统发生全面崩溃或大范围停电后，恢复电力系统运行的过程。黑启动和恢复服务是指提供能够重新启动发电机、传输线路和相关设备，以使电力系统逐渐恢复正常运行的服务。黑启动和恢复服务可以防止故障扩散，从而避免电力系统发生连锁反应，导致更广泛地停电。

虽然我国的辅助服务计划已经较为成熟，但国内的辅助服务市场仍然存在诸多问题。例如交易品种相对单一，多数调峰辅助服务交易主要集中在深度调峰及启停调峰两个品种。

4.4 需求响应潜力

需求响应资源潜力评估是指对特定对象在约定的控制方式下参与某一时间段内需求响应潜力的大小进行量化估计。作为需求响应研究的关键基础问题，需求响应潜力评估在灵活资源聚合、市场交易决策、虚拟电厂优化运行等方面均发挥着重要作用。

近年来，国内外学者针对需求响应潜力评估开展了广泛的研究，各项研究侧重点有所不同。按照类型划分，需求响应潜力可分为理论需求响应潜力、技术需求响应潜力、经济需求响应潜力和可用需求响应潜力 4 类，根据容量大小排序，理论需求响应潜力≥技术需求响应潜力≥经济需求响应潜力≥可用需求响应潜力。

4.4.1 需求响应潜力分类

（1）理论需求响应潜力。理论需求响应潜力是指负荷理论上可参与需求响应的最大响应容量，即当前负荷值（基线负荷）与理论极限响应点的差值。对于纯用电负荷来说，当其参与需求响应进行削峰时，理论上可通过关闭所有用电设备将负荷削减至 0，即理论下调需求响应潜力为基线负荷大小；当负荷参与需求响应进行填谷时，理论上可将所有用电设备全部开启，即理论上调需求响应潜力为总安装容量与基线负荷之差。对于电动汽车和储能等新型双向负荷来说，以其处于充电状态为例，理论上可通过增大充电功率实现上调节，即理论上调需求响应潜力为最大充电功率和当前运行功率的差值。而下调节则可通过切换至放电状态来实现，即理论下调需求响应潜力为当前运行功率与最大放电功率之和。相比于纯用电负荷，由于储能类负荷具备双向调节能力，其理论需求响应潜力更大。理论需求响应潜力的评估结果较为粗糙，通常可用于判断负荷是否适合参与需求响应，进而确定需求响应的实施对象。MÜLLER T 等评估了德国典型负荷的理论需求响应潜力，其 2050 年的负荷削减潜力为 0.8～1.6GW，负荷转移潜力为 20～43GW。WOHLFARTH K 等评估了德国 1500 多家服务业公司的理论需求响应潜力，约为子行业总用电量的 35%。GILS H C 等评估了欧洲 30 个电力消费领域的理论总需求响应潜力，每小时可提供负荷削减量 61GW，负荷增加 68GW。

（2）技术需求响应潜力。技术需求响应潜力是在理论需求响应潜力的基础上考虑技术约束（如可控负荷转移时间、需求响应时长、负荷中断次数、荷电状态约束等）后的需求响应潜力，即基线负荷与考虑技术约束后的响应负荷之差。相较理论需求响应潜力，技术需求响应潜力的评估适用性更强，可在辅助确定需求响应实施对象的基础上为需求响应实施方案的制定提供重要参考。PANG Y X 等通过对负荷用电过程的定性分析以及对问卷调查结果的定量计算，评估了中国内蒙古西部第二产业在考虑技术约束下的需求响应潜力。评估结果表明，所研究范围内 50%以上工业企业的高峰负荷转移的技术需求响应潜力小于高峰负荷的 10%。KWON P S 等评估了丹麦工业、商业以及居民用户的技术需求响应潜力，并使用了 Energy PLAN 软件对未来需求响应发展情景进行了模拟。

（3）经济需求响应潜力。经济需求响应潜力是在技术需求响应潜力的基础上，进一步考虑实施需求响应所需的前期投资与运行成本约束后的需求响应潜力，即基线负荷与考虑技术和经济约束后响应负荷之差。换言之，如果用户参与需求响应在技术上可行，但响应后并不具有经济效益，那么该用户的经济需求响应潜力将在技术需求响应潜力的基础上进一步缩减。经济需求响应潜力的评估结果能辅助需求响应实施者估计需求响应项目的成本效益。PAULUS M等通过研究不同的工业过程及其技术和经济特性评估了德国部分工业行业的技术和经济需求响应潜力。GREIN A等通过对工厂运营商、研究机构、设备制造商等信息的搜集，确定了制冷系统的特征参数，从而评估了德国曼海姆市制冷系统的经济需求响应潜力。

（4）可用需求响应潜力。可用需求响应潜力是在经济需求响应潜力的基础上进一步考虑用户响应意愿后实际可获得的潜力大小，即基线负荷与考虑技术、经济及意愿约束后响应负荷之差。对于经济不敏感的用户，即便参与需求响应具有可行性和经济性，也可能选择不参与或不完全参与，其实际激发出来的潜力小于经济需求响应潜力。可用需求响应潜力的评估结果一般应用于对评估精度较高的场景，如负荷聚合商的市场交易决策，用于降低决策风险、提升收益。GREIN A等通过调查问卷分析用户的响应意愿估算可用需求响应潜力相对技术需求响应潜力的权重系数，进而评估了德国曼海姆市制冷系统的可用需求响应潜力，约为2.8GW，相当于德国最大电力需求的4%～6%。叶秋子建立了基于霍克斯过程的用户参与度模型，评估电热水器的可用需求响应潜力。QI N等采用弹性系数法评估了空调负荷集群在不同激励和价格条件下的可用需求响应潜力。

以上研究评估了不同类型的需求响应潜力，但关于需求响应潜力的分类尚未有权威统一的标准，不同的需求响应潜力类型服务于不同的应用需求，现有研究难以确定其评估的需求响应潜力属于哪一类别。目前大部分研究侧重于理论需求响应潜力和技术需求响应潜力，对经济需求响应潜力和可用需求响应潜力的研究不够深入。经济需求响应潜力和可用需求响应潜力的评估关键是用户激励响应行为的准确建模，现有研究结合消费者心理学、行为经济学等原理对用户的激励响应行为开展了初步研究，但是仍然存在模型考虑因素不够全面、鲁棒性较差等问题。目前来看，合理可靠地进行需求潜力的评估仍是一大难题。

4.4.2 需求响应的调节潜力分析

（1）工业用户的需求响应资源调节潜力分析。机械行业负荷在0:00—7:00、20:00—0:00的用电负荷处于低谷平稳状态，在7:00—13:00用电负荷处于上升阶段，13:00—20:00 用电负荷处于下降阶段，具有明显的峰谷特征，可转移负荷能力较强。由于机械行业除电炉炼钢保温与冷却用电所需可靠性较高外，其他生产设备均可削减用电，且中频炉等用电设备也能适当中断用电，对用电可靠性要求不高，所以可将耗电较高生产环节安排在低谷用电，降低用电成本。因此，错峰方面需求响应资源的调节潜力较大。

有色金属行业日负荷曲线始终处于平稳状态。以铝为例，在有色金属行业生产过程中，电解铝的电解环节属于一类负荷，对供电可靠性要求高，突然的断电会减短铝槽寿命，造成不必要损失，但对于铸造车间、铝型材加工车间、氟碳幕墙车间环节属于二类负荷，必要停电时可以进行负荷中断，可提前至少 4h 通知，可中断负荷比例较小。因此，有色金属行业负荷不宜削减或中断，其需求响应资源调节能力较弱。

化工行业典型日负荷相比于有色金属行业负荷特性，其峰谷特性较为明显。由于化工行业面临易燃易爆的风险，绝大部分生产环节用电设备对于负荷可靠性要求较高，因此，可以在安全且产品质量与数量保证前提下，通过对化工行业很小一部分生产环节的生产时间适当提前或推迟来对负荷进行削峰填谷，需求响应资源调节潜力十分有限。

（2）商业用户的需求响应资源调节潜力分析。我国商业用户电力负荷主要集中在商业楼宇的照明与空调。商业楼宇主要包括大型商场、酒店、写字楼等，负荷趋势基本一致，上午 9:00 起负荷开始骤增，10:00 左右负荷达到峰值，持续到近 20:00，之后负荷开始骤降。最大负荷持续时间较长，有明显峰谷特性，需求响应资源调节潜力较大。此类负荷主要以二级负荷为主，对用电可靠性要求较高，不宜中断其用电。

根据商业用户典型日负荷曲线，我国商业工作时间一般在 7:00—22:00，在此期间电力负荷持续处于高峰状态，空调负荷成为电网负荷特性恶化和用电短缺的主要因素。空调负荷作为商业负荷主要部分，运行过程具有以下几个特点：①负荷调控无风险性，商业楼宇具有一定保温性，空调负荷的短时调控对人体舒适度不会产生影响；②调控后响应速度较为迅速，指令下达后空调设备在 1～3min 便可实现负荷明显的上升或下降；③商业楼宇空调设备管理人员不能根据外界环境变化及时调整空调设备的运行方案。根据以上特点可以看出当电网存在快速响应或紧急调控需求时，可由电网企业直接调用该部分需求响应资源，需求响应资源调节潜力巨大。

（3）居民用户的需求响应资源调节潜力分析。我国居民用户用电行为受季节与时间影响较大，负荷曲线表现出明显峰谷特征。由于受季节与时间的影响，电网运营成本与用户用电风险也随之加大。我国东部某地区居民用户的秋季典型日负荷呈现多个高峰时段，在17:00—20:00负荷峰值达到最大，峰谷特性明显，需求响应资源调节潜力较大。

用电型负荷包括不可控与可控两类负荷。因用户自身的生活习性，对于灯具照明、洗衣机、厨房电器用电时段一般不可推移，属于不可控负荷，需求响应资源调节潜力较小。对于一些调控或转移用电时段后不会对用户舒适度造成太大影响的负荷我们称之为可控负荷，主要包括空调、电暖气、电热水器等，短暂的关闭不会影响用户舒适度。随着电动汽车以及家用储能电池的推广及普及，这部分需求性响应资源不容小觑，可通过在夜晚非高峰时段进行充电，通过避峰错峰的用电形式实现需求响应，需求响应资源调节潜力巨大。

4.4.3 需求响应潜力评估

现阶段国内对客户需求响应潜力评估的相关应用研究主要包括2种：一种主要通过对各类用户负荷特点进行分析，从而得到目标用户需求的响应负荷特性，以此为基础定性分析目标用户可调节潜力的相关性；另一种主要通过用户负荷曲线特性进行模拟仿真，以定量方法计算目标用户需求响应潜力。

（1）负荷特性分析。负荷特性分析是从各类用户的负荷特点着手进行深入解析，以揭示目标用户需求的响应负荷特性。在这个过程中，研究人员会细致地审视用户的能源使用模式、行为习惯以及消费行为，以便准确理解他们对能源的需求和使用方式。通过这种分析，可以识别出用户在不同时间段内对能源的需求变化，以及他们对价格、政策等因素的敏感度。这将有助于精准地评估目标用户的可调节潜力，并为制定相应的调控策略提供重要参考依据。

（2）需求侧可调潜力定量评估。需求侧可调潜力的定量评估是通过收集和预处理用户历史能源使用数据，建立数学模型描述用户能源需求与影响因素的关系，然后进行模型参数估计和验证，最终评估用户对不同条件下能源需求的变化，并量化其可调节潜力。这个过程能够帮助人们理解需求响应特性，为制定能源管理和政策提供科学依据，促进能源效率和可持续发展。

随着多能源系统的发展以及能源市场的改革，电、气、热、冷等不同能源形式之间相互耦合、相互替代的关系不断加深。在上述背景下，综合需求响应应运而生。与传统需求响应相比，综合需求响应扩充了响应资源，促进了多种能源之间的相互转换，低碳需求响应从“碳”视角出发，改变了传统需求响应的机制导向，动态需求响应将原先需求响应的内涵从“维持实时功率平衡”拓展到“改善电网动态过程品质”。相应的，需求响应潜力估计的应用范围也需相应进一步扩展。在新型需求响应视角下，需求响应潜力评估应用范围应拓展为电碳耦合视角下需求侧多能流资源动态响应过程中的综合性能指标体系，与传统需求响应潜力评估相比，区别体现在如下 3 个方面：

（1）从“单一能源形式”转变为“多能源耦合形式”。已有需求响应潜力评估多针对单一的电能源形式，较少考虑电、气、热、冷等不同能源形式之间耦合响应效益。综合需求响应通过不同能源形式之间的转换来向电网提供灵活性，相比于纯电力需求响应，综合需求响应的响应灵活性更强但响应机理更加复杂。为充分利用多能互补特性激活综合能源网络的需求响应潜力，对综合需求响应中能量转化设备的响应速度、响应持续时间等性能指标提出了更高的要求。相应的，需求侧资源需求响应潜力的内涵不应局限于容量这个单一指标，而应该是包含响应容量、响应时延、响应精度、响应持续时间、平均响应速率、响应恢复速率等诸多指标在时间上的分布，即构成需求响应潜力评估的综合性能指标体系。

（2）从“电”视角转变为“电碳耦合”视角。已有需求响应潜力评估多从“电”视角出发，评估需求响应资源的负荷调控潜力。针对新的应用范围，需求响应资源的需求响应潜力应包含负荷调控潜力和负荷减碳潜力两部分。随着碳计量研究的深入，现有研究已经可以实现全过程碳排放的计量，为评估需求响应资源的减碳潜力提供基础。与当前单一“电”视角下的需求响应潜力相比，探究“电碳耦合”视角下的需求响应潜力问题有利于充分发挥需求响应资源的减碳潜力，助力“双碳”目标的实现，属于面向新型电力系统的应用范围拓展。

（3）从“离线静态评估”转变为“在线动态评估”。已有需求响应潜力评估多是离线静态的，较少考虑资源需求响应潜力的动态变化。因为动态需求响应最终要服务于电网动态过程品质的改善，需求侧资源需求响应潜力也不应仅仅局限在离线的静态层面，而需要对负荷资源的需求响应潜力进行在线动态评估，方可支撑基于动态需求响应的各类功能及其相关业务应用。

4.5 本章小结

在能源管理与供需平衡的重要议题中，需求侧响应技术一直扮演着重要角色。本章主要介绍了需求侧响应的原理与技术。4.1系统性地介绍了需求侧响应技术的研究背景与意义。4.2、4.3对具体如何实施需求响应的方式中的价格需求响应与激励型需求响应进行了探讨，对于价格型需求响应，首先对其概念、特点进行了分析，然后从分时电价、实时电价、尖峰电价三个具体的价格型需求响应策略来具体地进行了探讨，并了解各种方法的机理与工作原理。对于激励型需求响应，它具体的策略包括直接负荷控制、可中断负荷、需求侧竞价、紧急需求响应等。这几种方法各有优劣，需要具体情况具体分析下加以使用。为了更好地实施需求侧响应技术，需要对其潜力进行评估。4.4详细介绍了需求响应潜力的分类、调节潜力的分析以及潜力的评估方法。需求响应潜力主要分为理论需求、技术需求、经济需求、可用性需求四个方面。通过对不同类型用户的用电行为进行分析，可以较为准确地评估出需求响应的潜在效果，为实施需求侧响应技术提供科学依据。最后阐述了负荷特性分析与需求侧可调潜力定量评估两种国内目前对需求响应潜力评估的方法，并在新型需求响应视角下，对需求响应评估进行了拓展。

参考文献

[1] 李锦飚，陈湘萍．需求侧响应技术浅析［J］．中外能源，2021，26（05）：16-22.

[2] Wang Z，Li F. Critical peak pricing tariff design for mass consumers in Great Britain［C］//2011 IEEE Power and Energy Society General Meeting. IEEE，2011：1-6.

[3] 刘骏辰．基于需求响应的尖峰电价研究［D］．西安：西安理工大学，2016.

[4] 梁甜甜，王磊，高赐威．基于用户响应的尖峰电价模型研究［J］．华东电力，2013，41（1）：42-46.

[5] 赵阅群．面向能源互联网的直接负荷控制模型与仿真研究［D］．北京：华北电力大学，2016.

[6] ZHU Lan，YAN Zheng，LEE W-J，et al. Direct Load Control in Microgrids to Enhance

the Performance of Integrated Re sources Planning [J]. IEEE Transactions on Industry Applications, 2015, 51 (5): 3553-3560.

[7] 赵阅群，艾欣，周树鹏．直接负荷控制技术研究 [J]．电气应用，2016，35 (6): 48-55.

[8] 张开宇．智能电网环境下负荷聚合商的市场化交易策略研究 [D]．上海：上海交通大学，2015.

[9] 胡秦然，丁昊晖，陈心宜，等．美国加州 2020 年轮流停电事故分析及其对中国电网的启示 [J]．电力系统自动化，2020，44 (24): 11-20.

[10] DRANKA G G, FERREIRA P. Review and assessment of the different categories of demand response potentials [J]. Energy, 2019, 179: 280-294.

[11] Müller T, Möst D. Demand response potential: available when needed? [J]. Energy Policy, 2018, 115: 181-198.

[12] Wohlfarth K, Klobasa M, Gutknecht R. Demand response in the service sector - Theoretical, technical and practical potentials [J]. Applied energy, 2020, 258: 114089.

[13] Pang Y, He Y, Jiao J, et al. Power load demand response potential of secondary sectors in China: The case of western Inner Mongolia [J]. Energy, 2020, 192: 116669.

[14] Kwon P S, Østergaard P. Assessment and evaluation of flexible demand in a Danish future energy scenario [J]. Applied Energy, 2014, 134: 309-320.

[15] Paulus M, Borggrefe F. The potential of demand-side management in energy-intensive industries for electricity markets in Germany [J]. Applied energy, 2011, 88 (2): 432-441.

[16] Grein A, Pehnt M. Load management for refrigeration systems: Potentials and barriers [J]. Energy Policy, 2011, 39 (9): 5598-5608.

[17] 叶秋子．面向风电消纳的温控负荷控制策略研究 [D]．北京：华北电力大学，2019.

[18] QI N, CHENG L, XU H L, et al. Practical demand response potential evaluation of air-conditioning loads for aggregated customers [J]. Energy Reports, 2020, 6: 71-81.

[19] 徐筝，孙宏斌，郭庆来．综合需求响应研究综述及展望 [J]．中国电机工程学报，2018，38 (24): 7194-7205.

[20] 李姚旺，张宁，杜尔顺，等．基于碳排放流的电力系统低碳需求响应机制研究及效益分析 [J]．中国电机工程学报，2022，42 (8): 2830-2842.

[21] 周磊．空调负荷的动态需求响应理论及其应用研究 [D]．南京：东南大学，2017.

[22] Huang Q, Roozbehani M, Dahleh M A. Efficiency-risk tradeoffs in electricity markets

with dynamic demand response [J]. IEEE Transactions on Smart Grid, 2014, 6 (1): 279-290.
[23] 姚建国，张凯锋，丁哲通，等. 动态需求响应概念扩展及研究重点 [J]. 电力系统自动化，2019，43 (14)：207-215.
[24] 李春燕，许中，马智远. 计及用户需求响应的分时电价优化模型 [J]. 电力系统及其自动化学报，2015，27 (3)：11-16.
[25] Gils H C. Assessment of the theoretical demand response potential in Europe [J]. Energy, 2014, 67: 1-18.

第5章　不同光伏渗透率下考虑需求响应的配电网储能双层规划

5.1　简介

为助力实现“双碳”目标，分布式光伏由其可持续、低污染等优点将大规模接入配电网。然而负荷与光伏出力的时序不匹配导致配电网净负荷大幅波动，造成严重的弃光、切负荷现象。储能系统和需求侧响应负荷是配电网内重要的可调控资源，对其进行合理的配置和调控能够降低负荷峰值，促进新能源消纳，确保配电网的安全可靠运行。

目前，国内外学者已对ESS优化配置问题展开一定的研究。在典型场景的选取方面，朱晓荣等采用X-means方法分别对光伏和负荷数据进行聚类，并通过随机排列得到光荷联合场景；宫建锋等采用K-means算法建立配电网中分布式电源和负荷的典型场景集合；李文升等采用蒙特卡罗抽样生成大量源荷场景，再采用K-means算法进行场景缩减；张永会等采用改进模糊C均值聚类算法生成风-光-荷时序场景。然而采用K-means或其改进算法，聚类难度会随样本数的增加而增大，且需要预先规定聚类数。

配电网储能规划通常被认为是考虑配置和运行相耦合的双层模型求解问题。在储能规划模型构建上，陈厚合等结合储能运行策略建立考虑配电网经济性和电压质量的双层优化模型；招景明等建立基于误差场景模拟法的配电网储能双目标优化规划模型，采用基于ε约束法对模型进行求解；王李龑等基于不同时间尺度的配电网运行控制，考虑配电网储能规划与运行策略间的互相影响，建立配电网储能两层规划模型；侯帅辉等计及可中断负荷响应措施，统筹配电网内源-网-荷-储各类资源，建立了主动配电网双层规划模型；YAN Ning等以主动配电网中分布式能源的最小波动率和最小负荷短缺率为优化目标，考虑可中断负荷的电力补偿成本，实现需求响应与ESS的联合规划；卢仁军等提出考虑需求侧响的配电网无功规划方法，具有较好的经济性和实用性。在模型的求解上，上述大部分采用智能算法对双层模型进行分开求解，通过上下层不断循环迭代来求解模型。然而这种方法可能导致上层的收敛性变差且求解时间较长。

综上所述，本章首先基于光伏渗透率来分析配电网的灵活性，并对储能装置、可中断负荷以及上级主网进行灵活性调节能力建模；其次，通过主成分分析法对大量历史光荷数据进行降维，并采用分层聚类算法得到典型光荷场景；然后建立考虑可中断负荷和价格型需求侧响应的储能双层规划模型，并通过对模型上、下层进行关联建模，将其转换为单层模型进行求解；最后以 IEEE33 节点配电系统为例，验证所提规划方法的有效性。

5.2 配电网灵活性分析及灵活性资源

5.2.1 配电网灵活性分析

分布式电源渗透率指 DG 装机容量与负荷峰值的比率，对于高渗透光伏配电网而言，其净负荷呈现“鸭型曲线”。且随着渗透率的提高，净负荷波动加剧，影响配电网的安全和稳定，需配备更多的灵活性资源。为分析不同光伏渗透率对配电网的影响，以某典型日负荷曲线为基础，逐步加大 DG 渗透率即将分布式光伏逐步接入配电网的预安装节点，得到图 5-1 所示的不同光伏渗透率下净负荷曲线。

通过图 5-1 可知，随着配电网光伏渗透率的逐渐提高，其净负荷曲线具有如下特点：

（1）配电网的净负荷低谷从以往的单一夜间时段变为午间光伏大发时段和夜间时段的双低谷。而且随着配电网光伏渗透率的不断提高，波谷越来越深。若继续增加光伏的装机容量，将可能出现净负荷为负数的情况，即部分时刻光伏的出力高于负荷。若不采取相应的措施吸收多余的光伏出力，将造成严重的弃光现象。

（2）随着配电网光伏渗透率的逐渐提高，配电网净负荷波动更加剧烈，净负荷小时级变化量增大，可能出现配电网灵活性不足的现象。

（3）在 8:00～13:00，由于光伏出力的增加，净负荷在此期间持续下降，在此期间配电网可能因灵活性不足出现弃光现象；在 13:00～18:00，由于光伏

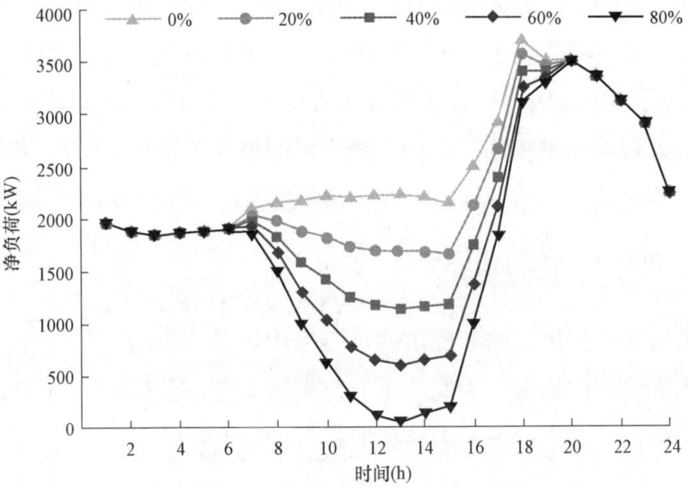

图 5 - 1　不同光伏渗透率下净负荷曲线

出力逐渐减小，同时在此期间负荷需求较大，净负荷持续上升，配电网可能出现切负荷现象。

5.2.2　配电网灵活性资源

配电网灵活性的供给主要来自各节点的储能装置、需求侧的可中断负荷以及上级主网等灵活性资源。储能、可中断负荷以及主网的灵活性调节能力的计算公式见式（5 - 1）～式（5 - 3）

$$\begin{cases} F^{+}_{\mathrm{ESS},i,t} = \min\{P_{\mathrm{ESS},i} - P^{\mathrm{ESS}}_{i,t}, (E^{\mathrm{ESS}}_{i,t} - E^{\mathrm{ESS}}_{\min,i})\eta\} \\ F^{-}_{\mathrm{ESS},i,t} = \min\{P_{\mathrm{ESS},i} + P^{\mathrm{ESS}}_{i,t}, (E_{\mathrm{ESS},i} - E^{\mathrm{ESS}}_{i,t})/\eta\} \end{cases} \tag{5 - 1}$$

$$\begin{cases} F^{+}_{\mathrm{CL},j,t} = (1 - v_{j,t-1})v_{j,t}P^{\mathrm{CL}}_{j,t} \\ F^{-}_{\mathrm{CL},j,t} = (1 - v_{j,t})v_{j,t-1}P^{\mathrm{CL}}_{j,t-1} \end{cases} \tag{5 - 2}$$

$$\begin{cases} F^{+}_{\mathrm{grid},t} = \min\{\Delta P_{\mathrm{grid},\max}, P_{\mathrm{grid},\max} - P^{\mathrm{grid}}_{t}\} \\ F^{-}_{\mathrm{grid},t} = \min\{\Delta P_{\mathrm{grid},\max}, P^{\mathrm{grid}}_{t}\} \end{cases} \tag{5 - 3}$$

式中：$F^{+}_{\mathrm{ESS},i,t}$、$F^{-}_{\mathrm{ESS},i,t}$ 分别为节点 i 处 ESS 在 t 时刻的向上、下调节能力；$P_{\mathrm{ESS},i}$、$E_{\mathrm{ESS},i}$ 分别为节点 i 处 ESS 的额定功率和额定容量；$P^{\mathrm{ESS}}_{i,t}$ 为节点 i 处 ESS 在 t 时刻的功率；$E^{\mathrm{ESS}}_{i,t}$ 为节点 i 处 ESS 在 t 时刻储存电量；$E^{\mathrm{ESS}}_{\min,i}$ 为节点 i 处 ESS 电量的下限；η 为 ESS 的充放电效率；$F^{+}_{\mathrm{CL},j,t}$、$F^{-}_{\mathrm{CL},j,t}$ 分别为节点 j 处可中断负荷

在 t 时刻提供的向上、下调节能力；$v_{j,t}$ 为节点 j 处可中断负荷在 t 时刻的中断情况，中断为 1，反之为 0；$P_{j,t}^{CL}$ 为节点 j 处可中断负荷在 t 时刻的中断量；$F_{grid,t}^{+}$、$F_{grid,t}^{-}$ 分别为上级电网在 t 时段提供的向上、下调节能力；$\Delta P_{grid,max}$ 为上级主网的最大爬坡功率；$P_{grid,max}$ 为上级主网的最大传输功率；P_{t}^{grid} 为主网在 t 时刻传输的有功功率。

5.3 典型场景构建

针对负荷和光伏出力的不确定性，可采用场景分析法进行处理，将不确定性场景转化为确定性场景。为此，本节首先基于主成分分析法对历史光荷数据进行数据降维，并采用分层聚类算法缩减得到典型场景。

5.3.1 基于主成分分析法的数据降维

当光荷场景数量较多时，难以直接对历史数据进行聚类得到典型场景。主成分分析法（principal component analysis，PCA）是用于降维的一种数据分析方法，可以通过提取主成分的特征数据实现数据的降维。首先对光荷数据进行降维，简化数据结构以提高聚类效率。通过收集得到某地区 m 个 n 维光荷历史出力数据，采用 PCA 对 $m \times n$ 维历史样本矩阵 $\boldsymbol{X}$ 进行降维，具体操作步骤如下：

（1）对矩阵 $\boldsymbol{X}$ 去中心化得到新矩阵 $\boldsymbol{X}^*$

$$\boldsymbol{X}^* = \begin{bmatrix} X_{11}-\overline{X}_1 & X_{12}-\overline{X}_2 & \cdots & X_{1n}-\overline{X}_n \\ X_{21}-\overline{X}_1 & X_{22}-\overline{X}_2 & \cdots & X_{2n}-\overline{X}_n \\ \vdots & \vdots & \ddots & \vdots \\ X_{m1}-\overline{X}_1 & X_{m2}-\overline{X}_2 & \cdots & X_{mn}-\overline{X}_n \end{bmatrix} \tag{5-4}$$

$$\overline{X}_i = \frac{1}{m}\sum_{j=1}^{m} X_{ji}\,(i = 1,2,\cdots,n) \tag{5-5}$$

（2）计算矩阵 $\boldsymbol{X}^*$ 的协方差矩阵 $\boldsymbol{R}$ 。

（3）对协方差矩阵 $\boldsymbol{R}$ 进行特征分解，得到特征值 λ_k 及对应的特征向量 $\boldsymbol{v}_k$ ，即 $\boldsymbol{R}\boldsymbol{v}_k = \lambda_k \boldsymbol{v}_k$ 。

（4）将特征向量按对应特征值从左到右按列降序排列成矩阵，根据特征值的大小，选择要保留的主成分数量 k ，取前 k 列组成矩阵 $\boldsymbol{W}$ 。

（5）通过 $\boldsymbol{Y} = \boldsymbol{X}\boldsymbol{W}$ 计算降维到 k 维后的样本特征。

通过主成分分析法将历史光荷数据进行降维，特征保留程度指标数值越大说明降维后的主成分分量保留的光荷数据内部信息越充分。

5.3.2　基于分层聚类算法的典型场景构建

同时为减小后续求解规划模型的难度，对降维后的光荷数据进行聚类分析。常用的 K - means 聚类算法虽然简单且易于理解和实现，但其受异常值的影响大，对初始选值敏感。分层聚类在距离和规则的相似度上容易定义，限制少；不需要预先规定聚类数；生成的树状结构图能可视化聚类结果，助于直观地理解数据的聚类结构。

对历史样本 X 降维得到 $m \times k$ 维矩阵 $\boldsymbol{Y}$

$$\boldsymbol{Y} = \begin{bmatrix} \boldsymbol{Y}_1 \\ \boldsymbol{Y}_2 \\ \vdots \\ \boldsymbol{Y}_m \end{bmatrix} = \begin{bmatrix} Y_{11} & Y_{12} & \cdots & Y_{1k} \\ Y_{21} & Y_{22} & \cdots & Y_{2k} \\ \vdots & \vdots & \ddots & \vdots \\ Y_{m1} & Y_{m2} & \cdots & Y_{mk} \end{bmatrix} \tag{5 - 6}$$

为减小后续求解规划模型的难度，对降维后的样本矩阵 $\boldsymbol{Y}$ 进行分层聚类，具体操作步骤如下：

（1）将每个样本作为一类，m 个样本组成 m 类，每类记为 $G_i^{(1)}$（$i = 1,2,\cdots,\boldsymbol{m}$）。

（2）计算样本矩阵中任意两个样本间的距离

$$d_{ij} = \sqrt{\sum_{u=1}^{k} (Y_{iu} - Y_{ju})^2} \tag{5 - 7}$$

（3）计算所有样本类间的距离

$$D_{ab}^{(1)} = \sqrt{\frac{1}{n_a n_b} \sum_{n \in G_a^{(1)}, m \in G_b^{(1)}} d_{ij}^{\ 2}} \tag{5 - 8}$$

式中：n_a 、n_b 分别为类 $G_a^{(1)}$ 、$G_b^{(1)}$ 中的样本数；$D_{ab}^{(k)}$ 为第 k 次迭代过程样本 a 与样本 b 之间的距离。

（4）找出距离最近的两个类并将其归为一类，更新样本类别及每类样本个数。

（5）重新计算新样本类的距离矩阵。

（6）样本类数量减 1。

步骤（3）至步骤（6）为一次完整的迭代过程。每完成一次迭代最相似的两个样本类归为一类，此时类别数减 1，并在此基础上进行下一次迭代，直至所有样本归为一类或达到指定类别数目。分层聚类树状图如图 5-2 所示，为方便描述对部分图形进行编号，无实际含义。

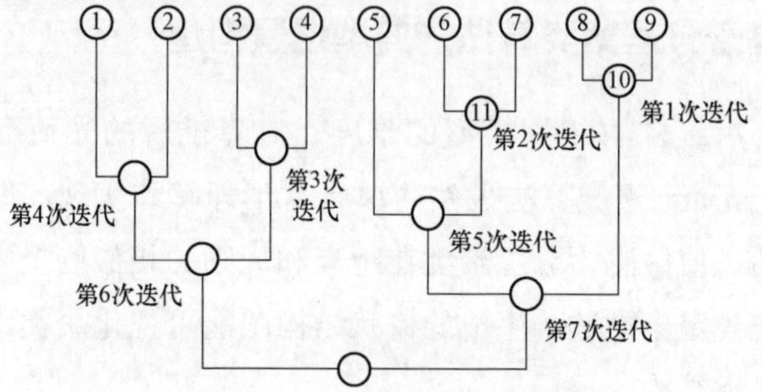

图 5-2　分层聚类树状图

从图 5-2 可以看出：9 个样本各自为一类，分别叫为类 1～类 9，总共 9 类。在第 1 次迭代过程中计算各类之间的距离，得类 8 与类 9 最为接近合并为一类，记为类 10。此时类别数变为 8 类，有类 1～类 7 和类 10。将第 2 次迭代在第 1 次迭代结果基础上进行，重新计算各类之间的距离，得类 6 与类 7 最为接近合并为一类，记为类 11。以此类推，直至所有样本归为一类或达到指定类别数目。

采用主成分分析和分层聚类算法得到光荷典型场景及其概率，如式（5-9）所示。

$$\Phi = \{p_s, [B_{PV,s}, B_{1,s}] \mid s = 1,2,\cdots,N_s\} \tag{5-9}$$

式中：p_s 为典型场景 s 发生的概率；$B_{PV,s}$ 、$B_{1,s}$ 分别为典型场景 s 中光伏和负荷的出力；N_s 为典型场景的个数。

5.4　需求响应模型

需求响应指用户通过价格信息或者激励机制调整其用电方式。本章节考虑价格型需求响应与激励性需求响应中的可中断负荷。

5.4.1　价格型需求响应模型

价格型需求响应是通过电价来影响用户用电方式，能够削峰填谷，促进光伏消纳以及提高配电网的稳定性。用户对电价的响应程度通常采用需求弹性系

数来描述

$$\begin{cases} e_{ii} = \dfrac{\Delta q_i / q_i^{\circ}}{\Delta c_i / c_i^{\circ}} \\ e_{ij} = \dfrac{\Delta q_i / q_i^{\circ}}{\Delta c_j / c_j^{\circ}} \end{cases} \tag{5-10}$$

其中

$$\begin{cases} \Delta q_i = q_i - q_i^{\circ} \\ \Delta c_i = c_i - c_i^{\circ} \\ \Delta c_j = c_j - c_j^{\circ} \end{cases} \tag{5-11}$$

式中：e_{ii} 为自弹性系数；e_{ij} 为互弹性系数；c_i° 、c_j° 分别为实施需求响应前第 i 、j 时刻的电价；c_i 、c_j 分别为实施需求响应后第 i 、j 时刻的电价；q_i° 、q_i 分别为电价响应前后的用电量。

将一天分为 24h，则弹性系数矩阵 $\boldsymbol{E}$ 表示为

$$\boldsymbol{E} = \begin{bmatrix} e_{1,1} & e_{1,2} & \cdots & e_{1,24} \\ e_{2,1} & e_{2,2} & \cdots & e_{2,24} \\ \vdots & \vdots & \ddots & \vdots \\ e_{24,1} & e_{24,2} & \cdots & e_{24,24} \end{bmatrix} \tag{5-12}$$

电价变化后电量变化矩阵表示为

$$\begin{bmatrix} \Delta q_1 / q_1^{\circ} \\ \Delta q_2 / q_2^{\circ} \\ \vdots \\ \Delta q_{24} / q_{24}^{\circ} \end{bmatrix} = \boldsymbol{E} \times \begin{bmatrix} \Delta c_1 / c_1^{\circ} \\ \Delta c_2 / c_2^{\circ} \\ \vdots \\ \Delta c_{24} / c_{24}^{\circ} \end{bmatrix} \tag{5-13}$$

电价变化后用户电量变化量为

$$\Delta q_i = q_i^{\circ} \sum_{j=1}^{24} e_{ij} \cdot \Delta c_j / c_j^{\circ} (i = 1,2\cdots,24) \tag{5-14}$$

电价变化后用户电量为

$$q_i = q_i^{\circ} + q_i^{\circ} \sum_{j=1}^{24} e_{ij} \cdot \Delta c_j / c_j^{\circ} (i = 1,2\cdots,24) \tag{5-15}$$

5.4.2　可中断负荷响应模型

激励型需求响应仅考虑可中断负荷。可中断负荷主要针对大工业用户，可

在负荷峰值或系统出现故障的情况下响应调度部门的信号请求，减少或中断部分负荷。其响应特性如下式所示。

（1）中断容量约束

$$P_{i,\min}^{\mathrm{CL}} \leqslant P_{i,t}^{\mathrm{CL}} \leqslant P_{i,\max}^{\mathrm{CL}} \tag{5-16}$$

式中：$P_{i,\max}^{\mathrm{CL}}$、$P_{i,\min}^{\mathrm{CL}}$ 分别为节点 i 处可中断负荷中断容量上、下限。

（2）中断次数约束

$$\sum_{t=1}^{T}(1-v_{i,t-1})v_{i,t} \leqslant N_{\mathrm{CL}} \tag{5-17}$$

式中：N_{CL} 为在一个周期内可中断负荷的最大可中断次数。

（3）最大中断时间约束

$$\sum_{t=k}^{k+T_{i,\max}^{\mathrm{CL}}} v_{i,t} \leqslant T_{i,\max}^{\mathrm{CL}},\ k=1,2,\cdots,T-T_{i,\max}^{\mathrm{CL}} \tag{5-18}$$

式中：$T_{i,\max}^{\mathrm{CL}}$ 为节点 i 处可中断负荷的最大中断时间。

5.5 配电网储能双层规划模型

传统配电网规划在不考虑运行的情况下，因过于关注单一的运行场景导致设备利用率低、投资冗余。因此在规划中应考虑多场景以及运行策略。由于配电网规划 - 运行双层优化的建模思路具有分层的特点，同时分层模型可以清晰地描述规划层及运行层的优化内容。本节上层规划层以最小化配电网综合成本为目标优化储能的规划方案，并将规划方案传递给下层；下层运行层在给定规划方案上，以最小化运行成本目标，综合考虑分布式光伏、储能、需求侧响应等可调控手段制定典型场景下的运行策略，并将下层的优化结果反馈给上层，从而进一步指导制定最佳的规划方案。储能双层规划模型结构框图如图 5 - 3 所示。

5.5.1 上层规划层

（1）规划层目标函数。

$$\min C_{\mathrm{Total}} = C_{\mathrm{I}} + C_{\mathrm{O}} \tag{5-19}$$

式中：C_{Total}为配电网综合成本；C_{I} 为 ESS 投资成本；C_{O} 为配电网运行成本。

1）储能投资成本。

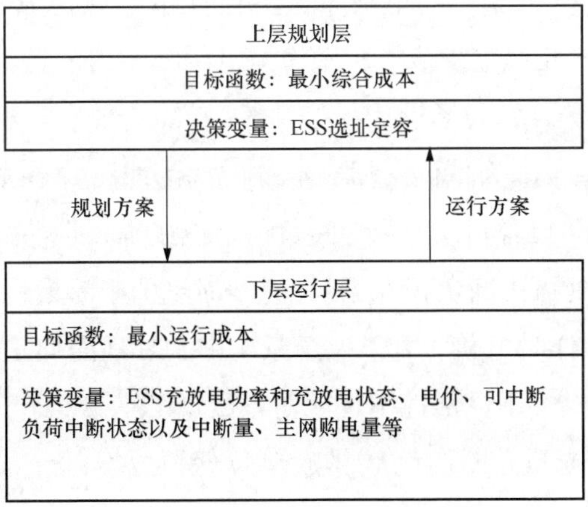

图 5-3　储能双层规划模型结构框图

$$C_{\mathrm{I}} = \sum_{i \in \Omega^{\mathrm{ESS}}} (c_{\mathrm{e}} E_{\mathrm{ESS},i} + c_{\mathrm{p}} P_{\mathrm{ESS},i}) \tag{5-20}$$

式中：Ω^{ESS} 为 ESS 待安装节点集合；c_{e}、c_{p} 分别为 ESS 单位容量和功率成本；$E_{\mathrm{ESS},i}$、$P_{\mathrm{ESS},i}$ 分别为 ESS 在节点 i 处安装的额定容量和额定功率。

2）配电网运行成本。

$$\begin{cases} C_{\mathrm{O}} = C_{\mathrm{ESS}}^{\mathrm{O}} + C_{\mathrm{Loss}} + C_{\mathrm{CL}} + C_{\mathrm{Grid}} + C_{\mathrm{FL}} + C_{\mathrm{Carbon}} \\ C_{\mathrm{ESS}}^{\mathrm{O}} = c_{\mathrm{ess}}^{\mathrm{o}} N \sum_{s \in \Phi} \sum_{i \in \Omega^{\mathrm{ESS}}} \sum_{t=1}^{T} p_s \left| P_{i,s,t}^{\mathrm{ESS}} \right| \\ C_{\mathrm{Loss}} = c_{\mathrm{loss}} N \sum_{s \in \Phi} \sum_{ij \in \Omega^{\mathrm{Line}}} \sum_{t=1}^{T} p_s P_{ij,s,t}^{\mathrm{loss}} \\ C_{\mathrm{CL}} = c_{\mathrm{cl}} N \sum_{s \in \Phi} \sum_{i \in \Omega^{\mathrm{CL}}} \sum_{t=1}^{T} p_s P_{i,s,t}^{\mathrm{CL}} \\ C_{\mathrm{Grid}} = N \sum_{s \in \Phi} \sum_{t=1}^{T} p_s c_{s,t}^{\mathrm{grid}} P_{s,t}^{\mathrm{grid}} \\ C_{\mathrm{FL}} = N \sum_{s \in \Phi} \sum_{t=1}^{T} p_s (c_{\mathrm{up}} W_{s,t}^{\mathrm{up}} + c_{\mathrm{down}} W_{s,t}^{\mathrm{down}}) \\ C_{\mathrm{Carbon}} = c_{\mathrm{carbon}} N \sum_{s \in \Phi} \sum_{t=1}^{T} p_s \gamma_{\mathrm{grid}} P_{s,t}^{\mathrm{grid}} \end{cases} \tag{5-21}$$

式中：$C_{\mathrm{ESS}}^{\mathrm{O}}$、$C_{\mathrm{Loss}}$、$C_{\mathrm{CL}}$、$C_{\mathrm{Grid}}$、$C_{\mathrm{FL}}$ 和 C_{Carbon} 分别为储能运行维护成本、网损成

本、可中断负荷响应成本、购电成本、灵活性不足惩罚成本和碳排放惩罚成本；c_{ess}^{o} 为 ESS 单位充放电量成本；N 为配电网一年内的运行天数，取 365 天；Φ 为典型运行场景集；p_s 为场景 s 出现概率；$P_{i,s,t}^{ESS}$ 为节点 i 处 ESS 在场景 s 中 t 时刻的充放电功率；c_{loss} 为单位网损成本；$P_{ij,s,t}^{loss}$ 为线路 ij 在场景 s 中 t 时刻的有功损耗；Ω^{Line} 为线路集合；c_{cl} 为可中断负荷单位成本；Ω^{CL} 为可中断负荷节点集合；$P_{i,s,t}^{CL}$ 为节点 i 处可中断负荷在场景 s 中 t 时刻的中断量；$c_{s,t}^{grid}$ 为场景 s 中 t 时段的购电价格，为分时电价；$P_{s,t}^{grid}$ 为场景 s 中 t 时刻的向上级电网的购电量；c_{up}、c_{down} 分别为向上、下灵活性不足惩罚系数；$W_{s,t}^{up}$、$W_{s,t}^{down}$ 分别为场景 s 中 t 时刻的切负荷量和弃光量；c_{carbon} 为碳排放单位惩罚成本；γ_{grid} 为上级电网单位碳排放强度。

（2）规划层条件。

1）ESS 待安装节点安装约束。

$$\begin{cases} P_{ESS,min} \leqslant P_{ESS,i} \leqslant P_{ESS,max} \\ E_{ESS,min} \leqslant E_{ESS,i} \leqslant E_{ESS,max} \end{cases} \tag{5-22}$$

式中：$P_{ESS,max}$、$P_{ESS,min}$ 分别为待规划 ESS 额定功率的上、下限；$E_{ESS,max}$、$E_{ESS,min}$ 分别为待规划 ESS 额定容量的上、下限。

2）光伏渗透率约束。为分析配电网在不同光伏渗透率下运行状况，对光伏渗透率进行约束。通过对模型的求解得到不同渗透率下的储能规划方案和运行状况，为地区应对分布式光伏的逐步推进做一定的指导作用。

$$\sum_{i \in \Omega^{PV}} S_i^{PV} = \alpha S_{max}^{L} \tag{5-23}$$

式中：Ω^{PV} 为分布式光伏的安装节点；S_i^{PV} 为节点 i 处分布式光伏的装机容量；α 为光伏渗透率；S_{max}^{L} 为负荷峰值。

5.5.2 下层运行层

下层运行层以最小化运行成本目标，如式（5-24）所示，以 ESS 充放单功率、可中断负荷的中断情况以及电价等作为决策变量建立优化模型。

$$\min C_O = C_{ESS}^{O} + C_{Loss} + C_{CL} + C_{Grid} + C_{FL} + C_{Carbon} \tag{5-24}$$

约束条件如下：

（1）ESS 运行约束。

$$\begin{cases} |P_{i,s,t}^{ESS}| \leqslant P_{ESS,i} \\ (SOC_{i,s,t} - SOC_{i,s,t+1})E_{ESS,i} = \begin{cases} \eta P_{i,s,t}^{ESS} & P_{i,s,t}^{ESS} < 0 \\ \dfrac{P_{i,s,t}^{ESS}}{\eta} & P_{i,s,t}^{ESS} \geqslant 0 \end{cases} \\ SOC_{i,s,0} = SOC_{i,s,24} \\ SOC_{i,min} \leqslant SOC_{i,s,t} \leqslant SOC_{i,max} \end{cases} \tag{5-25}$$

式中：$SOC_{i,s,t}$、$SOC_{i,s,t+1}$分别为节点 i 处 ESS 在场景 s 中 t 、$t+1$ 时刻的荷电状态；$SOC_{i,s,0}$、$SOC_{i,s,24}$分别为节点 i 处 ESS 在场景 s 中运行周期始、末的荷电状态；$SOC_{i,max}$、$SOC_{i,min}$分别为节点 i 处 ESS 荷电状态的上下限。

（2）价格型需求响应约束。价格型需求响应实施前后总负荷应当保持不变，即

$$\sum_{t=1}^{24}(P_{s,t}^{PDR,load} - P_{s,t}^{load}) = 0 \tag{5-26}$$

式中：$P_{s,t}^{load}$ 、$P_{s,t}^{PDR,load}$ 分别为价格型需求响应实施前、后场景 s 中 t 时刻配电网的总负荷。

为保证用户用电满意度，加入用户满意度约束

$$m_s = 1 - \frac{\sum_{i=1}^{24}|\Delta q_{i,s}|}{\sum_{i=1}^{24} q_{i,s}} \geqslant S_{min} \tag{5-27}$$

式中：S_{min} 为用户满意度最小值；$\Delta q_{i,s}$ 为在场景 s 中 i 时刻实施价格型需求响应后用户用电的变化量；$q_{i,s}$ 为在场景 s 中 i 时刻原本的用户用电量。

（3）可中断负荷约束。包括中断容量约束、中断次数约束、最大中断时间约束，具体如式（5-16）～式（5-18）所示。

（4）上级主网注入有功约束。

$$\begin{cases} |P_{s,t+1}^{grid} - P_{s,t}^{grid}| \leqslant \Delta P_{grid,max} \\ 0 \leqslant P_{s,t}^{grid} \leqslant P_{grid,max} \end{cases} \tag{5-28}$$

式中：$P_{s,t}^{grid}$ 为场景 s 中 i 时刻上级主网注入配电网的有功功率。

（5）PV 运行约束。

$$0 \leqslant P_{j,s,t}^{PV} \leqslant P_{i,s,t}^{PV,max} S_i^{PV} \tag{5-29}$$

式中：$P_{j,s,t}^{PV}$ 为场景 s 中 t 时刻节点 j 处光伏的实际发电功率；$P_{i,s,t}^{PV,max}$ 为场景 s 中 t

时刻节点 j 处光伏单位容量的最大发电功率。

（6）潮流约束。将 DisFlow 潮流模型中非线性项进行二阶锥松弛转换，如式（5-30）～式（5-33）所示。

$$\begin{cases}\sum\limits_{i\in AL(:,j)}(P_{ij,s,t}-r_{ij}\tilde{I}_{ij,s,t})=\sum\limits_{k\in AL(j,:)}P_{jk,s,t}+P_{j,s,t}\\ \sum\limits_{i\in AL(:,j)}(Q_{ij,s,t}-x_{ij}\tilde{I}_{ij,s,t})=\sum\limits_{k\in AL(j,:)}Q_{jk,s,t}+Q_{j,s,t}\\ \tilde{U}_{j,s,t}=\tilde{U}_{i,s,t}-2(r_{ij}P_{ij,s,t}+x_{ij}Q_{ij,s,t})+(r_{ij}^2+x_{ij}^2)\tilde{I}_{ij,s,t}\end{cases}\tag{5-30}$$

$$\begin{cases}P_{j,s,t}=P_{j,s,t}^{\text{load}}+P_{j,s,t}^{\text{CL}}-P_{j,s,t}^{\text{grid}}-P_{j,s,t}^{\text{PV}}-P_{i,s,t}^{\text{ESS}}\\ Q_{j,s,t}=Q_{j,s,t}^{\text{load}}+Q_{j,s,t}^{\text{CL}}-Q_{j,s,t}^{\text{grid}}\end{cases}\tag{5-31}$$

$$\left\|\begin{matrix}2P_{ij,s,t}\\ 2Q_{ij,s,t}\\ \tilde{I}_{ij,s,t}-\tilde{U}_{i,s,t}\end{matrix}\right\|_2\leqslant\tilde{I}_{ij,s,t}+\tilde{U}_{i,s,t}\tag{5-32}$$

$$\begin{cases}\tilde{I}_{ij,s,t}=I_{ij,s,t}^2\\ \tilde{U}_{i,s,t}=U_{i,s,t}^2\end{cases}\tag{5-33}$$

式中：$AL(j,:)$、$AL(:,j)$ 分别为首端、末端节点为 j 的支路节点集合；$P_{ij,s,t}$、$Q_{ij,s,t}$ 分别为线路 ij 在场景 s 中 t 时刻的有功、无功功率；r_{ij}、x_{ij} 分别为线路 ij 的电阻和电抗；$P_{j,s,t}$、$Q_{j,s,t}$ 分别为场景 s 中 t 时刻注入节点 j 的有功和无功功率；$P_{j,s,t}^{\text{load}}$、$Q_{j,s,t}^{\text{load}}$ 分别为场景 s 中 t 时刻节点 j 价格型需求响应后负荷的有功和无功功率；$P_{j,s,t}^{\text{grid}}$、$Q_{j,s,t}^{\text{grid}}$ 分别为主网在场景 s 中 t 时刻注入节点 j 处的有功、无功功率；$\tilde{I}_{ij,s,t}$ 为线路 ij 在场景 s 中 t 时刻电流的平方；$\tilde{U}_{i,s,t}$ 为线路 ij 在场景 s 中 t 时刻电压的平方。

（7）系统安全约束。

$$\begin{cases}0\leqslant\tilde{I}_{ij,s,t}\leqslant I_{ij,\max}^2\\ U_{i,\min}^2\leqslant\tilde{U}_{i,s,t}\leqslant U_{i,\max}^2\end{cases}\tag{5-34}$$

式中：$U_{i,\max}$、$U_{i,\min}$ 分别为节点 i 处的电压上、下限；$I_{ij,\max}$ 为线路 ij 的安全电流。

5.5.3 双层模型转换

上述双层模型对规划层及运行层进行了单独建模。上层规划层将规划方案传递给下层运行层，下层运行层在给定规划方案上进行优化调度并将结果反馈到上层模型，通过上下层循环迭代求解储能双层规划模型。双层模型可由简化的公式（5 - 35）表示

$$\begin{cases} \min F = C_\mathrm{I} + C_\mathrm{O} \\ \mathrm{s.\,t.} \quad G(x_\mathrm{I}) = 0 \\ \qquad\quad H(x_\mathrm{I}) \leqslant 0 \\ \min f = C_\mathrm{O} \\ \mathrm{s.\,t.} \quad \mathrm{g}(x_\mathrm{I}, x_\mathrm{O}) = 0 \\ \qquad\quad h(x_\mathrm{I}, x_\mathrm{O}) \leqslant 0 \end{cases} \tag{5 - 35}$$

式中：F、f 分别为上、下层模型的目标函数；$G(\cdot)$、$g(\cdot)$ 分别为上、下层模型的等式约束；$H(\cdot)$、$h(\cdot)$ 分别为上、下层模型的不等式约束。具体内容均在上文中进行描述。

然而上下层循环迭代求解方法效率低且难以得到全局最优解。因此，为有效求解双层模型，本章通过对模型上下层进行关联建模将其转换为单层模型，具体操作过程如下。

$$\begin{cases} x_\mathrm{i}^\mathrm{ESS} P_\mathrm{ESS,min} \leqslant P_\mathrm{ESS,i} \leqslant x_\mathrm{i}^\mathrm{ESS} P_\mathrm{ESS,max} \\ x_\mathrm{i}^\mathrm{ESS} E_\mathrm{ESS,min} \leqslant E_\mathrm{ESS,i} \leqslant x_\mathrm{i}^\mathrm{ESS} E_\mathrm{ESS,max} \end{cases} \tag{5 - 36}$$

式中：$x_\mathrm{i}^\mathrm{ESS}$ 为 0、1 变量，若在节点 i 处安装了 ESS 则为 1，否则为 0。

通过式（5 - 36）将规划层的储能安装约束式（5 - 22）与储能运行约束式（5 - 25）联系起来，其余的约束条件不变。若 $x_\mathrm{i}^\mathrm{ESS}$ 为 0，即不安装 ESS，$P_\mathrm{ESS,i}$、$E_\mathrm{ESS,i}$ 都为 0，充放电功率也为 0。若 $x_\mathrm{i}^\mathrm{ESS}$ 为 1，通过式（5 - 36）限制了 $P_\mathrm{ESS,i}$、$E_\mathrm{ESS,i}$ 的上下限，并通过 $P_\mathrm{ESS,i}$、$E_\mathrm{ESS,i}$ 影响运行层的相关约束。这等同于双层模型中上层将储能规划方案传递给下层，因此式（5 - 36）与下层模型的约束条件式（5 - 25）～式（5 - 34）共同组成单层模型的约束条件。转换后的模型可由简化的公式（5 - 37）表示

$$\begin{cases} \min F_\mathrm{all} = C_\mathrm{I} + C_\mathrm{O} \\ \mathrm{s.\,t.} \quad G_\mathrm{all}(x_\mathrm{I}) = 0 \\ \qquad\quad H_\mathrm{all}(x_\mathrm{I}) \leqslant 0 \\ \mathrm{g}_\mathrm{all}(x_\mathrm{I}, x_\mathrm{O}) = 0 \\ h_\mathrm{all}(x_\mathrm{I}, x_\mathrm{O}) \leqslant 0 \end{cases} \tag{5 - 37}$$

式中：$G(\cdot)$、$g(\cdot)$、$H(\cdot)$、$h(\cdot)$ 为转换后单层模型的约束条件。

转换后的模型存在部分非线性项，可直接调用 Gurobi 求解器对其进行求，或者先进行线性化处理之后再调用求解器进行求解。

5.6 算例分析

根据以上分析，所提配电网储能规划方法的步骤如下，流程图如图 5-4 所示。

步骤 1：收集历史光伏出力和负荷数据以及配电网储能规划模型相关参数。

步骤 2：通过主成分分析法对历史光荷数据进行降维，并采用分层聚类算法得到典型光荷场景。

步骤 3：建立配电网储能双层规划模型。上层规划层以综合成本最小为优化目标优化储能规划方案；下层运行层以运行成本最小为优化目标制定典型场景下配电网运行策略。

步骤 4：将配电网储能双层规划模型通过关联统一的方法转换为单层模型，并采用 Gurobi 求解器进行求解。

步骤 5：调整光伏装机容量达到指定渗透率，并对其逐个求解。

步骤 6：输出配电网储能规划方案以及其他相关数据结果，并对其进行分析和比较。

5.6.1 模型参数说明

为验证所提储能规划模型的有效性，在 IEEE33 节点配电系统进行仿真验证。其中，在节点 10、15、19、31 处分批接入分布式光伏使配电网光伏渗透率分别达到 40%、60%以及 80%左右。在节点 5、11、18、30 处分别设置中断容量上限为 40、50、60、70kW 的可中断负荷。配电网拓扑结构如图 5-5 所示。

IEEE33 节点配电系统的基本负荷为 3715kW＋j2300kvar。在求解模型时需给定储能额定功率和额定容量的上下限，考虑到储能的成本以及调节能力，不宜设置过大或过小。为此设置 ESS 可安装节点总数为 2～3 个，待规划 ESS 的单个额定功率范围为［40，100］kW，额定容量范围为［80，500］kW·h，充放电效率为 95%，初始荷电状态为 0.2，荷电状态上、下限分别为 0.9、0.1。单个 ESS 的相关参数可根据实际情况进行调整。

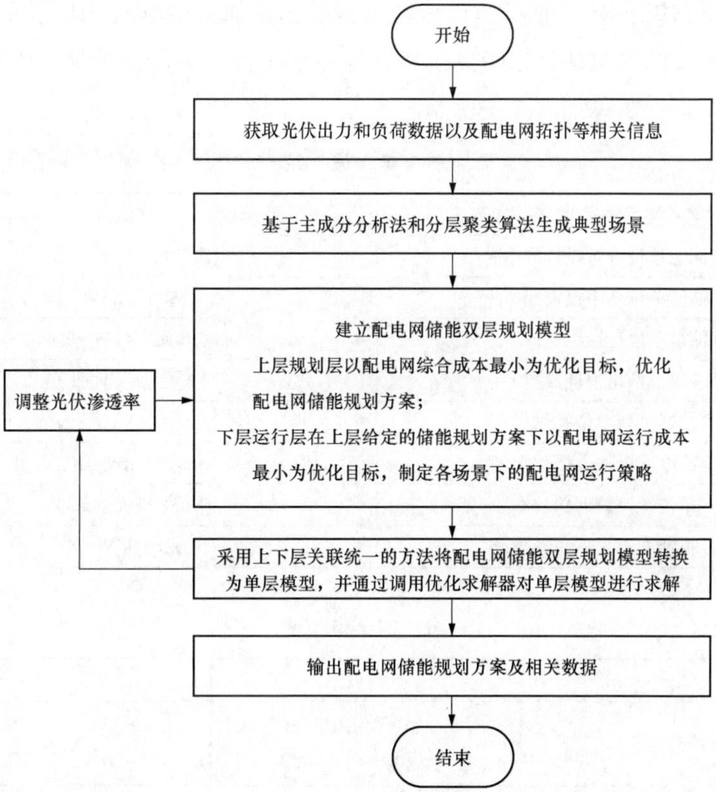

图 5-4　整体流程图

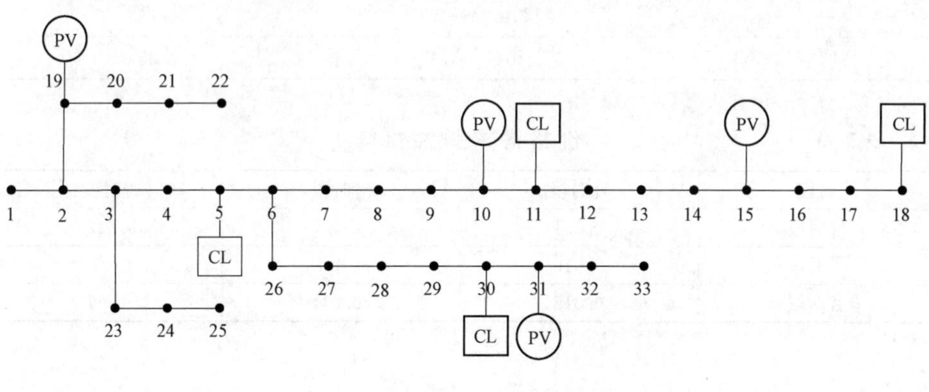

图 5-5　IEEE33 配电网拓扑结构

成本相关参数如表 5-1 所示，购电价格采用分时电价，如表 5-2 所示。价格弹性需求矩阵 $\boldsymbol{E}$ 由自弹性系数和互弹性系数组成，如式（5-10）和式（5-11）

所示。可根据以往响应前后的负荷和电价数据，通过数学运算以及应用 SPSS 软件进行相关的参数估计以得到价格弹性需求矩阵。为简便计算，本算例采用的价格需求弹性矩阵如表 5-3 所示。

表 5-1　参数设定

参数	数值
储能单位容量投资成本	1270 元/（kW・h）
储能单位功率投资成本	1650 元/kW
储能单位运行维护成本	0.15 元/（kW・h）
单位网络损耗成本	0.6 元/（kW・h）
可中断负荷单位补偿成本	0.65 元/（kW・h）
上级电网单位碳排放强度	839g/（kW・h）
单位碳排放惩罚成本	0.217 元/kg
灵活性不足惩罚系数	10 元/（kW・h）

表 5-2　分时电价

划分	时段	价格元/（kW・h）
峰时段	8:00～15:00 18:00～22:00	0.753
平时段	7:00～8:00 15:00～18:00 22:00～24:00	0.55
谷时段	0:00～7:00	0.35

表 5-3　价格需求弹性矩阵

时段	峰时段	平时段	谷时段
峰时段	−0.1	0.016	0.012
平时段	0.016	−0.1	0.01
谷时段	0.012	0.01	−0.1

5.6.2　典型场景生成

本小节使用某地区的历史光伏和负荷数据，采样时间间隔为 1h，日出力曲线共包含 24 个采样点。因此原始数据维数为 48，即包括负荷和光伏出力的

24h数据。由于在高维空间中处理数据需花费更多的计算资源和时间，通过降维可以减少计算的复杂性。为此采用主成分分析法对历史光荷数据进行降维，保留维数与特征保留程度关系如图5-6所示。

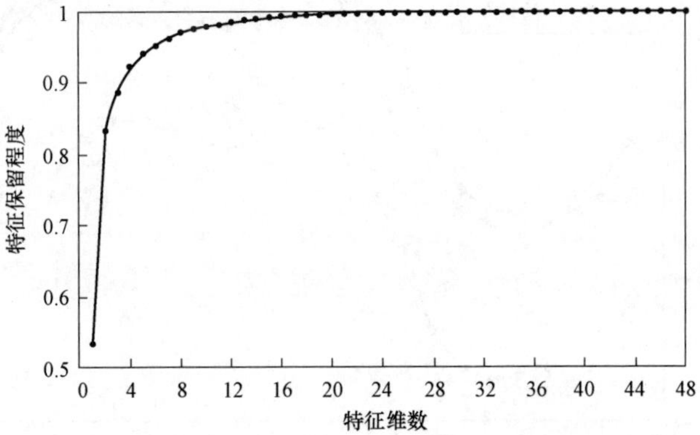

图5-6　保留维数与特征保留程度关系

由图5-6可知，随着特征维数的减少，样本特征保留程度减少。当特征维数取14维时，能够保留99.03%的样本信息，已足够支撑后续样本的缩减，故本章节将特征维数取为14，即将原始的光荷48维数据通过PCA将维数降为14。再通过层次聚类算法对负荷、光伏数据进行聚类，得到光荷典型场景，如图5-7和图5-8所示，典型场景出现概率见表5-4。

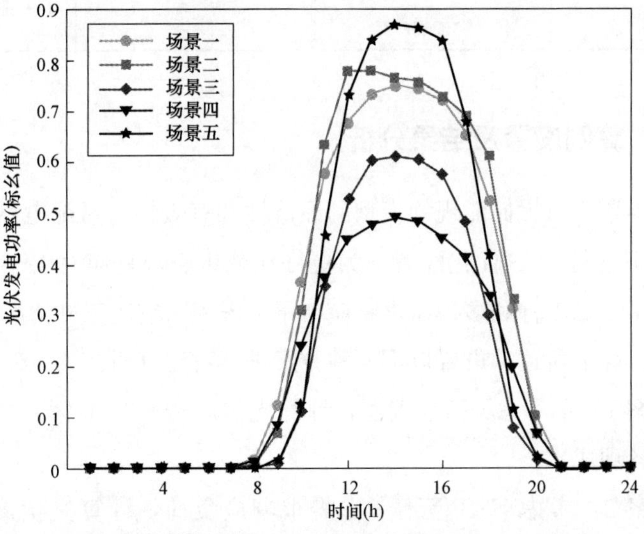

图5-7　分布式光伏出力典型场景

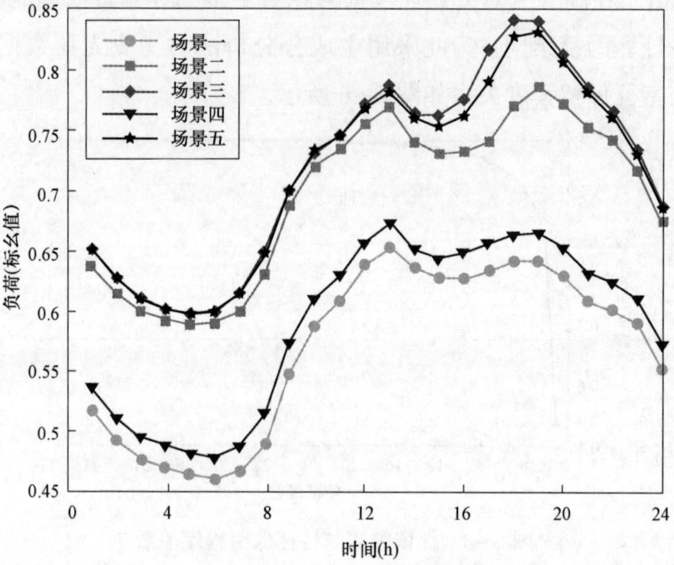

图 5-8　负荷典型场景

表 5-4　　典型场景出现概率

场景	概率	场景	概率
场景 1	0.2521	场景 4	0.2493
场景 2	0.1616	场景 5	0.1014
场景 3	0.2356		

5.6.3　算例设置及结果分析

为验证本章节所提储能规划模型的经济性和有效性，对配电网在不同光伏渗透率情况下进行 ESS 优化配置；为更好地分析需求响应对 ESS 优化配置结果的影响，将考虑单种和多种需求响应与不考虑需求响应三种情况下对 ESS 进行优化配置。综上所述，设置以下 4 种方案进行对比分析。

（1）方案 1：不考虑灵活性资源，计算光伏渗透率在 40%、60%、80%情况下配电网各项成本。

（2）方案 2：考虑 ESS 但不考虑需求响应负荷，计算光伏渗透在 40%、60%、80%情况下配电网各项成本以及 ESS 的规划方案。

（3）方案 3：综合考虑 ESS 与可中断负荷，通过求解双层规划模型得到光伏渗透率 80%情况下配电网各项成本以及 ESS 的规划方案。

（4）方案 4：在方案 3 的基础上考虑价格型需求侧响应，通过求解双层规划模型得到光伏渗透率 80%情况下配电网各项成本以及 ESS 的规划方案。

方案 1 和方案 2 求解得到 ESS 优化配置结果如表 5-5 所示，配电网各项成本对比如表 5-6 所示。

表 5-5　　ESS 优化配置结果

渗透率	安装节点	额定容量（kW·h）	额定功率（kW）
40%	18	80.00	40.00
	32	80.35	40.00
60%	18	84.51	40.00
	20	191.18	46.07
	31	372.24	62.20
80%	17	147.76	40.00
	21	424.49	79.97
	32	376.75	71.56

表 5-6　　方案 1 和方案 2 的成本对比

成本（万元）	方案 1			方案 2		
	40%	60%	80%	40%	60%	80%
投资成本	0	0	0	33.56	106.75	152.12
网损成本	69.55	90.53	142.12	60.83	82.56	127.99
购电成本	1265.14	1181.96	1152.91	1252.22	1163.85	1123.74
灵活性不足惩罚成本	18.84	121.21	190.61	2.21	32.10	46.51
碳排放惩罚成本	389.59	368.17	360.55	387.24	364.62	354.22
综合成本	1743.13	1761.91	1846.19	1738.60	1757.78	1815.45

由表 5-6 可知，随着分布式光伏渗透率的逐渐提高，方案 1 中配电网购电成本和碳排放惩罚成本在逐步下降。由此可见，增加光伏的装机容量能够助力实现“双碳”目标。然而由于光伏安装位置集中分布在设定的几个节点，且不

允许逆向潮流的发生，导致出现弃光、切负荷的现象。配电网分布式光伏渗透率在40%、60%、80%情况下的灵活性不足惩罚成本分别为10.98、121.21和190.61万元，灵活性不足惩罚成本随光伏渗透率的提高而不断上升，配电网灵活性不足现象加剧，应当配备一定的灵活性资源来减少配电网的弃光、切负荷量。方案2中ESS投资成本随分布式光伏渗透率的提高不断增加，说明在高渗透率情况下需要配置更多的ESS来提高配电网的灵活性调节能力。与方案1相比，方案2增加了ESS投资成本，分别为33.56、106.75和152.12万元。但在配置ESS后，配电网的网损成本、购电成本、碳排放惩罚成本以及综合成本等都有所减少，其中综合成本分别减少了4.53、4.13和30.74万元。灵活性不足惩罚成本分别减少了16.63、89.11和144.1万元，降低了88.27%、73.52%和75.60%。由此可见，配置ESS能够起到促进光伏消纳、减少网损的效果，提高了配电网灵活性以及经济性。由表5-5可知，三种光伏渗透率条件下储能的安装位置较为相似，主要配置在18、20和31节点附近，在额定容量和额定功率上有所不同。配电网的光伏装机容量及渗透率应当是逐渐增加的，若能得知未来一段时间内的配电网光伏渗透率的变化趋势，则可提前安排部署储能配置。配电网规划相关工作者可参考不同光伏渗透率下的储能规划结果，确定合适的ESS安装位置以及预留一定的安装空间，通过调整ESS的额定功率和额定容量来适应光伏渗透率的变化。

方案1～4在光伏渗透率为80%的情况下各项成本对比如表5-7所示，方案2～4的ESS优化配置结果如表5-8所示。

表5-7　　方案1～4在光伏渗透率为80%的情况下各项成本对比

成本（万元）	方案1	方案2	方案3	方案4
投资成本	0	152.12	146.35	140.43
网损成本	142.12	127.99	125.79	125.75
购电成本	1152.91	1123.74	1077.35	1065.07
灵活性不足惩罚成本	190.61	46.51	39.43	29.23
碳排放惩罚成本	360.55	354.22	342.58	331.93
可中断负荷响应成本	0	0	39.61	40.39
综合成本	1846.19	1815.45	1781.71	1726.07

表 5-8　　　　方案 2～4 的 ESS 优化配置结果

方案	安装节点	额定容量（kW·h）	额定功率（kW）
2	17	147.76	40.00
	21	424.49	79.97
	32	376.75	71.56
3	17	122.76	40.00
	21	424.49	78.21
	32	346.14	81.10
4	17	126.82	40.00
	20	402.27	75.41
	31	340.60	66.27

由表 5-7 可知，随着考虑的灵活性资源种类的增加，方案 1～4 的灵活性不足惩罚成本和综合成本逐步下降，方案 2～4 的 ESS 投资成本也逐渐减少。从规划结果来看，方案 2 在 17、21、32 节点配置 ESS，方案 3 在 17、21、32 节点配置 ESS，方案 4 在 17、20 和 31 节点配置 ESS。三种方案下 ESS 的配置节点不同，所安装的额定容量和额定功率也不同。由于方案 1 未考虑灵活性资源，其网损成本、购电成本、灵活性不足惩罚成本、碳排放惩罚成本和综合成本是 4 个方案中最高的，其中灵活性不足惩罚成本达 190.61 万元，具有较大的弃光量。方案 2 配置了 ESS，需要 152.12 万元投资成本，但其余成本均有所下降。相较于方案 2，方案 3 引入可中断负荷参与配电网的调度运行，虽然需要支付可中断负荷响应成本 39.61 万元，但其投资成本以及灵活性不足惩罚成本分别降低了 5.77 万元和 7.08 万元，综合成本降低了 33.74 万元，具有更好的经济性和灵活性。方案 4 在方案 3 的基础上引入了价格型需求侧响应，进一步降低储能投资成本、购电成本、灵活性不足惩罚成本等。其中灵活性不足惩罚成本最低，为 29.23 万元。综上可知，在 ESS 规划中考虑需求响应负荷能够得到更加合理、经济的 ESS 规划方案。

方案 2 在场景 5 的等效负荷曲线如图 5-9 所示。曲线一为净负荷曲线，即总负荷减去总光伏出力得到的曲线图；曲线二为计及弃光的等效负荷曲线；曲线三为计及弃光和储能充放电的等效负荷曲线；曲线四为计及弃光、储能充放电和可中断负荷的等效负荷曲线。

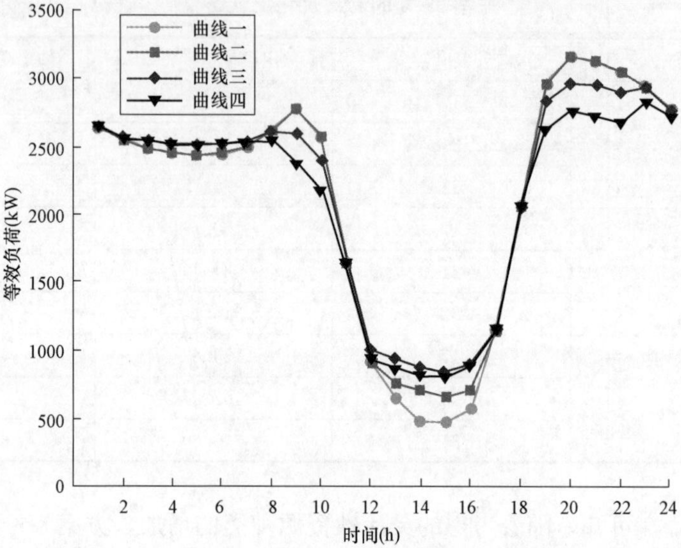

图 5-9　方案 2 的等效负荷曲线

从图 5-9 可以看出，只有在 12～16 光伏出力大发的时间段存在弃光现象，且场景 5 是所有场景中光伏出力最高的，整体上弃光现象在可接受范围。通过曲线二与曲线三对比可知，通过调整储能的充放电功率能够平缓等效负荷曲线。计及可中断负荷响应后，曲线四进一步平滑了等效负荷曲线，整体上起到了削峰填谷的作用。

方案 2 和方案 3 在场景 5 的等效负荷曲线如图 5-10 所示。曲线一为净负荷曲线；曲线二、三分别为方案 2、3 下的等效负荷曲线。

从图 5-10 可以看出，与净负荷相比，方案 2 和方案 3 的等效负荷曲线具有较大的改善，储能和可中断负荷提供的灵活性调节能力能够平缓负荷波动。方案 3 下的等效负荷曲线小时级波动会稍小于方案 2，在 8～11 光伏开始发出功率的时间段的效果稍明显，等效负荷从高点到低点的过程更加平滑。

5.6.4　求解算法对比

为验证所提上下层关联统一求解方法的优越性，采用该领域广泛使用的粒子群算法和二阶锥规划相结合的混合优化算法迭代求解该双层规划模型作为对比，其流程图如图 5-11 所示。

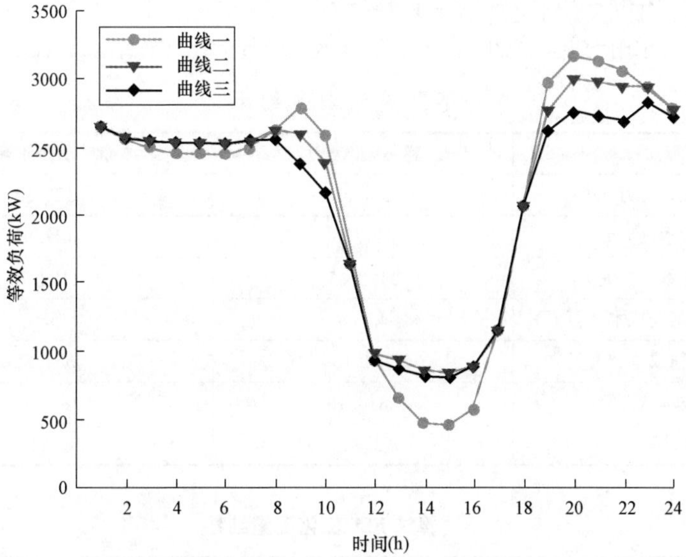

图 5-10　方案 2、3 在场景 5 的等效负荷曲线

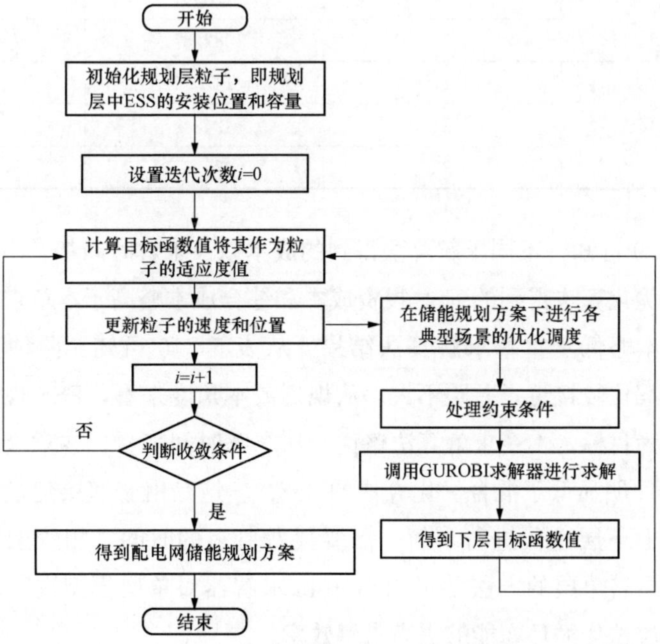

图 5-11　混合优化算法流程图

分别采用本章求解算法和混合优化算法计算方案 2 中光伏渗透在 80%下配电网各项成本以及求解时间，结果如表 5-9 所示，ESS 优化配置结果如表 5-10 所示。

表 5-9　　不同算法求解结果

算法	混合优化算法	本章节所提求解算法
投资成本（万元）	154.31	152.12
网损成本（万元）	127.86	127.99
购电成本（万元）	1123.35	1123.74
灵活性不足惩罚成本（万元）	45.39	46.51
碳排放惩罚成本（万元）	354.18	354.22
综合成本（万元）	1816.18	1815.45
求解时间（s）	3584	491

表 5-10　　不同算法 ESS 优化配置结果

求解方法	安装节点	额定容量（kW·h）	额定功率（kW）
混合优化算法	17	145.28	40.00
	21	430.81	81.42
	31	382.87	75.68
本章求解算法	17	147.76	40.00
	21	424.49	79.97
	32	376.75	71.56

由表 5-9 可知，不同求解算法得到的成本以及求解时间都有不同程度上的差异。混合优化算法得到的 ESS 投资成本和综合成本略高于本章求解算法的结果，其余成本略低于本章求解算法结果。从表 5-10 可知，两种算法得到的 ESS 规划方案比较接近，差距不大。从规划成本角度来看，ESS 规划模型以综合成本最小为目标，本章求解算法略优。从求解时间来看，本章求解算法所需时间为 491s，明显低于混合优化算法的 3584s。这是由于双层建模的方法需通过不断进行上下层迭代进行求解，需要耗费更多的时间。相较于混合优化算法，采用双层转单层的方法并采用 Gurobi 求解器对单层模型进行求解不需要再进行上下层迭代循环，能够提高求解效率。

5.7　本章小结

本章提出光伏不同渗透率下考虑需求响应的配电网储能双层规划方法。通过主成分分析法对历史光荷数据进行降维，保留数据主要特征的同时简化数据结构，进而提高聚类效率；再采用分层聚类算法得到典型场景；最后通过算例分析验证所提规划模型的有效性，并得出如下结论：

（1）随着光伏渗透率的不断提高，配电网灵活性不足惩罚成本不断提高，需配置更多的灵活性资源。光伏渗透率为 40%、60%以及 80%情况下 ESS 投资成本分别为 33.56 万元、106.75 万元和 152.12 万元，灵活性不足惩罚成本分别减少了 16.63 万元、89.11 万元和 144.1 万元，降低了 88.27%、73.52%和 75.60%。

（2）在配电网储能规划中综合考虑需求侧响应能够得到更加合理、经济的 ESS 规划方案，提高配电网的经济性和灵活性。考虑单种和两种需求响应的 ESS 投资成本分别减少了 5.77 万元和 11.69 万元，且考虑需求响应的等效负荷曲线更加平滑，能够平抑净负荷的波动。

（3）采用上下层关联建模的方法将配电网储能双层规划模型转换为单层，再调用 Gurobi 求解器进行求解。相较于求解双层模型的方法，求解时不需要再进行上下层迭代循环，提高了求解效率。

参　考　文　献

[1] 张晓英，侯秉臣，王琨，等．基于改进天牛须算法的含固态变压器的配电网无功优化 [J]．高压电器，2022，58（11）：221-229.

[2] 汪宇航，李琰，应飞祥，等．计及可靠性成本的风光储微电网储能容量协同优化 [J]. 电测与仪表，2023，60（05）：59-65.

[3] 朱晓荣，鹿国微．计及灵活性的配电网储能优化配置 [J]．现代电力，2020，37（04）：341-352.

[4] 李秀磊，耿光飞，季玉琦，等．主动配电网中储能和需求侧响应的联合优化规划 [J]. 电网技术，2016，40（12）：3803-3810.

[5] 张伟骏，李智诚，陈大玮，等．配网侧分布式储能系统的随机优化配置和选址方法 [J]. 高压电器，2023，59（07）：125-135.

[6] 宫建锋，周宗川，靳盘龙，等．考虑灵活性的交直流混合配电网储能双层规划 [J]．电力建设，2022，43（07）：48-56.

[7] 汪慧敏，杨苹，余雁琳．基于双层粒子群算法的主动配电网分布式电源规划［J］．计算机与数字工程，2021，49（09）：1930-1935.

[8] 李文升，刘晓明，曹永吉，等．考虑电力系统灵活性的网-储联合规划［J］．智慧电力，2023，51（04）：30-37.

[9] 张永会，鹿丽，潘超，等．计及风-光-荷时序特性的主动配电网源-储规划策略［J］．电力系统保护与控制，2020，48（20）：48-56.

[10] 陈厚合，刘丽娜，姜涛，等．提升配电网电压质量的分布式储能经济优化配置方法［J］．电网技术，2018，42（07）：2127-2135.

[11] 招景明，苏洁莹，潘峰，等．考虑光伏波动的有源配电网分布式储能双目标优化规划［J］．可再生能源，2022，40（11）：1546-1553.

[12] 王李龑，王飞，曹永吉，等．基于两层优化的主动配电网储能优化配置［J］．山东大学学报（工学版），2019，49（05）：37-43+51.

[13] 侯帅辉，张新燕，代玥，等．计及储能配合与需求侧响应的主动配电网分布式电源规划［J］．现代电子技术，2022，45（23）：132-137.

[14] YAN Ning，ZHANG Bo，LI Wei，et al. Hybrid energy storage capacity allocation method for active distribution network considering demand side response［J］. IEEE Transactions on Applied Superconductivity，2019，29（2）：1-4.

[15] 卢仁军，李然，王健，等．考虑需求侧响应的新能源接入下的配电网无功规划研究［J］．电测与仪表，2020，57（06）：46-51.

[16] 王洪坤，王守相，潘志新，等．含高渗透分布式电源配电网灵活性提升优化调度方法［J］．电力系统自动化，2018，42（15）：86-93.

[17] 鲁宗相，黄瀚，单葆国，等．高比例可再生能源电力系统结构形态演化及电力预测展望［J］．电力系统自动化，2017，41（09）：12-18.

[18] 朱晓荣，鹿国微，谢婉莹．考虑源网荷灵活性资源的配电网储能鲁棒规划［J］．电力自动化设备，2021，41（08）：8-16+40.

[19] 林俐，费宏运，刘汝琛，等．基于分层聚类算法的地区风电出力典型场景选取方法［J］．电力系统保护与控制，2018，46（07）：1-6.

[20] 朱文广，廖志军，刘洪，等．考虑需求响应与高比例可再生能源接入的主动配电网扩展规划［J］．电力系统及其自动化学报，2019，31（05）：84-91.

[21] 路畅，郭力，柴园园，等．含高渗透分布式光伏的增量配电网日前优化调度方法［J］．电力系统保护与控制，2019，47（18）：90-98.

[22] 高红均，刘俊勇，魏震波，等．主动配电网分层鲁棒规划模型及其求解方法［J］．中

国电机工程学报，2017，37（5）：1389 - 1401.
［23］高立克，陈绍南，秦丽文，等．基于混合整数非线性方法的配网可靠性规划［J］．高压电器，2022，58（09）：182 - 189＋196.
［24］高亚静，吕孟扩，梁海峰，等．基于离散吸引力模型的用电需求价格弹性矩阵［J］．电力系统自动化，2014，38（13）：103 - 107＋144.
［25］崔杨，邓贵波，曾鹏，等．计及碳捕集电厂低碳特性的含风电电力系统源 - 荷多时间尺度调度方法［J］．中国电机工程学报，2022，42（16）：5869 - 5886＋6163.

第6章　计及储能和线路裕度的含分布式光伏配电网扩展规划

6.1　简介

随着分布式光伏大规模并网，其出力不确定严重影响配电网的稳定运行，同时还会导致配电网中部分线路潮流变化频繁产生线路阻塞等问题。因此，为了提高配电网对光伏新能源的利用率，减小设备运行维护成本以及充分利用灵活性资源的快速响应，需要在配电网扩展规划时不但要考虑其经济性，而且需要对网架线路、分布式电源的位置和容量进行合理布局，增强网架线路传输能力，为配电网线路安全运行提供良好保障。

储能的位置选择和容量配置能够有效应对配电网中负荷和光伏出力的随机性。李吉侗等提出了恶劣天气情况下配电网储能电站规划方案，将综合考虑灾害时空分布特征和配网调度，提升了配电网的运行弹性，但是规划对象较为单一。刘沅昆等计及电力市场调度影响，分别以净收益率最高和以社会福利最大化为目标构建规划模型，但所用算法的求解效率和精度较低。刘自发等提出了分布式电源和广义储能的双层规划策略，综合考虑储能和配电网的运行特性，选取负荷变化率等多个响应能力指标以提高配电网效能。曹新慧等提出储能四象限运行特性，研究储能容量与位置的选取对系统电压波动和新能源消纳的影响，提升了新能源消纳能力。宫建锋等在灵活性资源运行特性基础上构建评估指标，有效提高配电网的灵活性和运行稳定性，但未考虑新能源的不确定性。以上文献仅在规划模型中分别考虑了储能配置和新能源接入，而未综合考虑源 - 网 - 荷 - 储的协同优化运行，缺乏对配电网网架结构综合考虑。

为了提高配电系统对分布式新能源的接纳程度和供电可靠性，需要通过对配电网线路扩展规划来寻找最优配电网络扩展结构和储能设备配置方案。

JOOSHAKI M 构建了包含可靠性评估指标的规划模型，并将该模型转化为混合整数线性规划问题来求解。邢海军等以电网投资与运行成本最小为目标，规划新建变电站和线路等，同时设计多种管理方案以降低规划成本。KOUTSOUKIS N 等运用场景分析法共同考虑变电站和波动性新能源，但模型求解使用的传统启发式算法易陷入局部最优。吴志等对配电网扩建与分布式能源、无功补偿装置的选址定容采用多阶段协同规划的方案，同时利用 Benders 分解方法对混合整数规划模型进行求解，但缺少对配电网线路的考虑。

综合上述研究和存在的问题，本章提出了计及储能和线路裕度的含分布式光伏配电网扩展规划模型，对配电网网架线路和储能装置协同规划及求解方法进行研究。模型上层规划层以网架线路和电池储能的投建为决策变量，以投资、运行成本为目标函数；下层运行层则以线路重构和分布式电源出力为决策变量，使线路裕度和新能源消纳率达到最大化并优化网络中分布式电源的有功出力。在考虑了光伏与负荷出力不确定性影响的同时，通过对粒子群算法中的惯性权重和种群变异进行改进，构建了嵌套的改进粒子群双层优化算法。最后，以改进 40 节点配电网为例对所提规划模型和求解方法的有效性进行分析和验证。

6.2　网架通道传输能力

负荷及 PV 出力波动造成的功率不平衡是影响配电网线路传输能力的重要问题，会带来线路阻塞，为此可以用线路裕度来表征配电网网架线路的流通情况，同时以线路流过的功率来构建线路裕度指标。设线路 ij 的最大允许通过功率为 $S_{ij,\max}$，线路 ij 在 t 时刻实际通过功率为 $S_{ij,t}$，则线路通道的实时裕度 $F_{ij,t}$ 为

$$F_{ij,t}=\frac{S_{ij,\max}-S_{ij,t}}{S_{ij,\max}}\times 100\% \tag{6 - 1}$$

网架线路留有的裕度越大，其发生阻塞的概率就越小。若网架线路裕度在某时间段内均大于 0，代表此线路未发生过载。进一步地，从配电网整体角度提出网架线路裕度标准差模型

$$F_{t,\sigma}=\sqrt{\frac{1}{K}\sum_{ij\in K_{ij}}\left(F_{ij,t}-\frac{1}{K}\sum_{ij'\in K_{ij}}F_{ij',t}\right)^2} \tag{6 - 2}$$

式中：K 为规划后所建线路总和；K_{ij} 为规划后所建线路集合；$F_{t,\sigma}$为 t 时刻整体网架线路裕度标准差，其值越小整体网架越稳定，反之则会产生阻塞的危害。

6.3 配电网双层扩展规划模型

双层规划逻辑如图 6 - 1 所示。

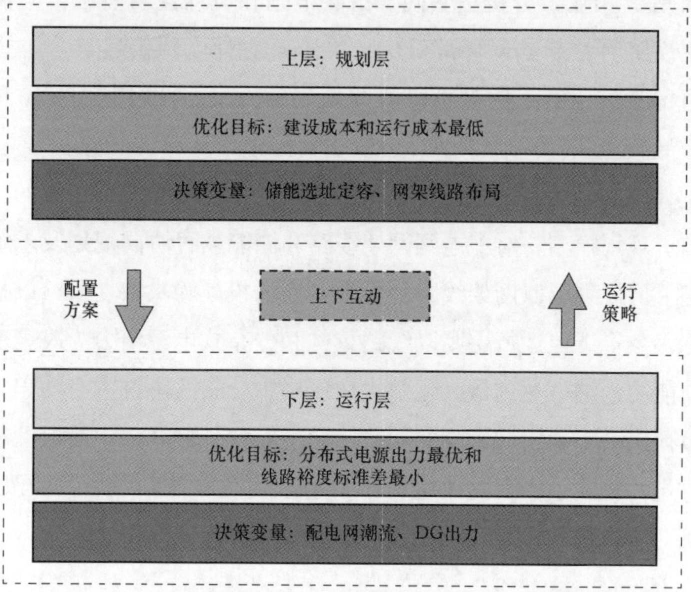

图 6 - 1　双层规划逻辑

其中，规划层以投资成本 C^I 和运行成本 C^O 的综合成本最小为目标，考虑了网架线路的扩建投资和 ESS 的选址定容，约束条件为设备投资约束；运行层，以新能源消纳率 f_{abs} 和线路裕度标准差 $F_{t,\sigma}$ 为目标，考虑了 DG 等调控对象，约束条件为模拟运行约束。传统双层规划如式（6 - 3）所示。

$$\begin{cases}\min_{x^I} F(x^I, x^O) = C^I + C^O \\ s.t. \quad G(x^I) \leqslant 0 \\ \qquad\quad H(x^I) = 0 \\ \min_{x^O} f(x^I, x^O) = (f_{abs}, F_{t,\sigma}) \\ s.t. \quad g(x^I, x^O) \leqslant 0 \\ \qquad\quad h(x^I, x^O) = 0 \end{cases} \tag{6 - 3}$$

式中：$G(\cdot)$、$H(\cdot)$ 和 $g(\cdot)$、$h(\cdot)$ 分别为上下层的约束条件。

双层模型中设备投资决策变量和运行决策变量是可分离的，上层给下层传递投资决策变量，下层模拟运行变量会影响上层优化。

6.3.1　上层规划层目标函数

上层模型是以投资变量为决策变量，使建设成本 C^I 和运行成本 C^O 最低。C^I 包括折算到网架线路投资成本 C_{GC}^I ，分布式光伏投资成本 C_{PV}^I ，储能投资成本 C_{ESS}^I ；C^O 包括全年的网络损耗成本 C_{NL}^O ，向大电网购电成本 C_{pur}^O ，储能设备运维成本 C_{ESS}^O ，分布式光伏运维成本 C_{PV}^O 。各项成本计算方法如下。

（1）网架线路投资成本。

$$C_{GC}^I = \frac{r(1+r)^y}{(1+r)^y - 1} \sum_{k=1}^{K_L} x_k c_k \tag{6-4}$$

式中：r 为贴现率；y 为使用年限；K_L 为原始线路和待规划线路总和；x_k 为状态变量，其取值为 0 表示第 k 条线路不建设，其取值为 1 表示第 k 条线路建设；c_k 为第 k 条线路投建费用。

（2）储能投资成本。

$$C_{ESS}^I = \frac{r(1+r)^y}{(1+r)^y - 1} \sum_{i=1}^{N} (c_{ESS,P}^i P_{ESS}^i + c_{ESS,E}^i E_{ESS}^i) \tag{6-5}$$

式中：$c_{ESS,P}^i$ 、$c_{ESS,E}^i$ 分别为节点 i 建设储能装置的单位功率、容量投资成本；P_{ESS}^i 、E_{ESS}^i 分别为节点 i 建设的储能功率和容量。

（3）网络损耗成本。

$$C_{NL}^O = 365 \times \sum_{ij=1}^{K_L} \sum_{t=1}^{T} R_{ij} I_{ij,t}^2 c_{loss} \tag{6-6}$$

式中：T 为总时刻；R_{ij} 为线路 ij 的电阻；c_{loss} 为单位网损成本。

（4）向大电网购电成本。

$$C_{pur}^O = 365 \times \sum_{t=1}^{T} c_{pur} p_{G,t} \tag{6-7}$$

式中：c_{pur} 为单位购电成本；$p_{G,t}$ 为 t 时刻发电机发出的功率。

（5）储能设备运维费用。

$$C_{ESS}^O = 365 \times \sum_{t=1}^{T} \sum_{i \in \Lambda^{ESS}} f_{ESS}^O (P_{i,t}^{ESS,+} + P_{i,t}^{ESS,-}) \tag{6-8}$$

式中：Λ^{ESS} 为安装了 ESS 的节点集合；f_{ESS}^O 为 ESS 单位充放电量的运行成本；$P_{i,t}^{ESS,+}$ 、$P_{i,t}^{ESS,-}$ 分别为 t 时段 ESS 在节点 i 的充放电功率大小。

(6) 分布式光伏运行成本。

$$C_{\mathrm{PV}}^{\mathrm{O}} = \lambda C_{\mathrm{invest}} + 365 \times \xi_{\mathrm{ab}}^{\mathrm{PV}} \times \sum_{t=1}^{T} \sum_{i \in N} (P_{i,t}^{\mathrm{PV,max}} - P_{i,t}^{\mathrm{PV}}) \tag{6-9}$$

式中：λ 为运维成本的折算比例，在这取 0.1；$\xi_{\mathrm{ab}}^{\mathrm{PV}}$ 为分布式光伏单位容量的弃电成本；$P_{i,t}^{\mathrm{PV,max}}$ 为 t 时刻节点 i 的光伏并网容量的理论值；$P_{i,t}^{\mathrm{PV}}$ 为 t 时刻节点 i 的光伏并网容量的实际值。

6.3.2 上层规划层约束条件

(1) 拓扑约束。配电网网架规划时应满足辐射状约束，令支路总数为节点总数和根节点数的差，如式 (6-10) 所示

$$\sum_{ij \in D_l} x_{ij} = N - n_{\mathrm{s}}, x_{ij} \in \{0,1\} \tag{6-10}$$

式中：D_l 表示配电网全部线路集合，x_{ij} 为线路的开断状态，0 表示断开，1 表示闭合，n_s 表示系统中根节点的个数。

(2) 重构约束。为避免出现环路或孤岛的情况，假设全部线路都连接并生成回路，断开各回路间的重合支路中的一条支路，未重合支路中同样裂解一条支路，有 n 条支路的节点处最多裂解 $n-1$ 条线路，就可保证配电网不产生孤岛或环路状态。重构约束如式 (6-11) 所示。

$$\begin{cases} \sum\limits_{ij \in C_{L_k} L_{km}} x_{ij} \geqslant NL_k - 1, L_{km} = L_k \cap L_m \\ \sum\limits_{ij \in L_{km}} 1 - x_{ij} \leqslant 1, \forall k \in n_r, m \in n_r \\ \sum\limits_{ik \in l_k} x_{ik} \geqslant 1, \forall k \in \{1,2,\cdots,n_b\} \end{cases} \tag{6-11}$$

式中：NL_k 和 L_k 分别代表第 k 个回路中支路的总个数和集合；n_r 表示回路的总数；l_k 表示第 k 个节点所连接的支路集合。

6.3.3 下层运行层目标函数

双层模型的下层运行层是在上层规划层重构方案的基础上，考虑了光伏消纳率和线路裕度标准差的多目标问题，如式 (6-3) 所示。其中网架线路裕度标准差如式 (6-2) 所示，新能源消纳率为光伏实际出力与预测出力的比值。

6.3.4　下层运行层约束条件

（1）系统安全约束。为维护配电系统运行安全，节点电压和线路流过的电流须控制在安全范围内，数学模型为

$$\begin{cases} U_{i,\min}^2 \leqslant U_{i,t}^2 \leqslant U_{i,\max}^2 \\ 0 \leqslant I_{ij,t}^2 \leqslant I_{ij,\max}^2 \end{cases} \tag{6-12}$$

式中：$U_{i,\max}$ 和 $U_{i,\min}$ 分别为节点 i 电压的上、下限值；$U_{i,t}$ 为 t 时刻节点 i 的电压大小。

（2）配电网 DistFlow 约束。

$$\begin{cases} \sum\limits_{k\in AL(j,:)} P_{jk,t} - \sum\limits_{i\in AL(:,j)} (P_{ij,t} - I_{ij,t}^2 R_{ij}) = P_{j,t}^{PV} + P_{j,t}^{ESS,-} - P_{j,t}^{ESS,+} - P_{j,t}^{load} \\ \sum\limits_{k\in AL(j,:)} Q_{jk,t} + Q_{j,t}^{load} = \sum\limits_{i\in AL(:,j)} (Q_{ij,t} - I_{ij,t}^2 X_{ij}) \\ U_{j,t}^2 = U_{i,t}^2 - 2(R_{ij}P_{ij,t} + X_{ij}Q_{ij,t}) + (R_{ij}^2 + X_{ij}^2) I_{ij,t}^2 \\ I_{ij,t}^2 = \dfrac{P_{ij,t}^2 + Q_{ij,t}^2}{U_{i,t}^2} \end{cases} \tag{6-13}$$

式中：$AL(j,:)$ 为以 j 为首端节点的支路末端节点集合；$AL(:,j)$ 为以 j 为末端节点的支路首端节点集合；$P_{ij,t}$ 、$P_{jk,t}$ 和 $Q_{ij,t}$ 、$Q_{jk,t}$ 分别为 t 时段线路 ij 及 jk 上的有功和无功功率；X_{ij} 为线路 ij 的电抗；$P_{j,t}^{load}$ 和 $Q_{j,t}^{load}$ 分别为 t 时段节点 j 原始负荷的有功和无功功率大小；$U_{i,t}$ 为节点 i 的电压大小。

（3）电池储能约束。

$$\begin{cases} n_{i,t}^{+} + n_{i,t}^{-} \leqslant 1 \\ 0 \leqslant P_{i,t}^{ESS,+} \leqslant n_{i,t}^{+} P_{i}^{ESS,\max} \\ 0 \leqslant P_{i,t}^{ESS,-} \leqslant n_{i,t}^{-} P_{i}^{ESS,\max} \\ E_{i,t+1}^{ESS} = E_{i,t}^{ESS} + (P_{i,t}^{ESS,+}\eta - P_{i,t}^{ESS,-}/\eta)\Delta t \\ E_{i,1}^{ESS} = E_{i,24}^{ESS} + (P_{i,24}^{ESS,+}\eta - P_{i,24}^{ESS,-}/\eta)\Delta t \\ 0.2E_{i}^{ESS,\max} \leqslant E_{i,t}^{ESS} \leqslant 0.9E_{i}^{ESS,\max} \\ E_{i,1}^{ESS} = 0.45E_{i}^{ESS,\max} \end{cases} \tag{6-14}$$

式中：$n_{i,t}^{+}$ 、$n_{i,t}^{-}$ 分别为 ESS 充、放电的状态变量，为 $0-1$ 变量，代表 ESS 是否

进行充放电；$P_{i,t}^{\mathrm{ESS},+}$、$P_{i,t}^{\mathrm{ESS},-}$ 分别为在时刻 t 的 ESS 在节点 i 的充放电功率大小；$P_i^{\mathrm{ESS,max}}$ 为节点 i 的 ESS 充放电功率的最大值；$E_{i,t}^{\mathrm{ESS}}$ 为节点 i 在时刻 t 的 ESS 的电量；$E_i^{\mathrm{ESS,max}}$ 为节点 i 的 ESS 电量上限；η 为充、放电效率。

（4）分布式电源出力约束。

$$P_{i,t,\min}^{\mathrm{PV}} \leqslant P_{i,t}^{\mathrm{PV}} \leqslant P_{i,t,\max}^{\mathrm{PV}} \tag{6-15}$$

式中：$P_{i,t,\max}^{\mathrm{PV}}$ 和 $P_{i,t,\min}^{\mathrm{PV}}$ 分别为 t 时刻 PV 实际出力 $P_{i,t}^{\mathrm{PV}}$ 的上、下限。

（5）线路功率传输约束。

$$\begin{cases} 0 \leqslant P_{ij,t} \leqslant P_{ij,\max} \\ 0 \leqslant Q_{ij,t} \leqslant Q_{ij,\max} \end{cases} \tag{6-16}$$

式中：$P_{ij,\max}$、$Q_{ij,\max}$ 分别为线路传输有功、无功功率上限值。

6.4 配电网双层扩展规划模型

6.4.1 改进粒子群优化算法

粒子群算法起源于对鸟群捕食行为的探究。在该算法中，通过粒子位置与速度的迭代更替使其朝着最优个体的方向收敛。PSO 算法虽然适用性强，但易陷入局部最优。可在惯性权重与种群变异方面进行改进，以加强 PSO 算法全局搜索效率。

（1）惯性权重更新。惯性权重可调整对当前速度的影响，其增大和减小分别对搜索范围的增加和局部精准寻优有所帮助。为了平衡高效搜寻与快速收敛的矛盾冲突，采用下式对惯性权重更新

$$\omega = (\omega_{\max} - \omega_{\min})\left(\frac{k^3}{k_{\max}^3} - 2\frac{k^2}{k_{\max}^2}\right) + \omega_{\max} \tag{6-17}$$

式中：$\omega_{\max}$、$\omega_{\min}$ 分别为惯性权重最大、最小值；k 为迭代次数；$k_{\max}$ 为最大迭代次数。

（2）种群变异操作。为提高粒子的多样性，通过式（6-18）对种群进行变异操作。

$$p_m(k) = \left(1 - \frac{k}{k_{\max}}\right)^{\varepsilon_m} \tag{6-18}$$

式中：p_m 为变异概率；ε_m 为变异参数。ε_m 可调整变异概率的衰减程度，即随着迭代次数的增加可衰减变异操作的影响。

本章针对配电网双层扩展规划模型，采用嵌套的改进粒子群优化算法来求解。双层优化模型在寻优时会产生交互，即下层储能容量的优化基于上层配电网网架线路走向和储能安装位置的结果，而同时下层通过模拟运行获取的线路裕度、分布式电源出力等结果又回代至上层，作为下一次迭代优化的基础，通过上下层迭代来获取最优规划方案。图 6-2 为改进的粒子群优化算法流程，具体算法求解步骤如下。

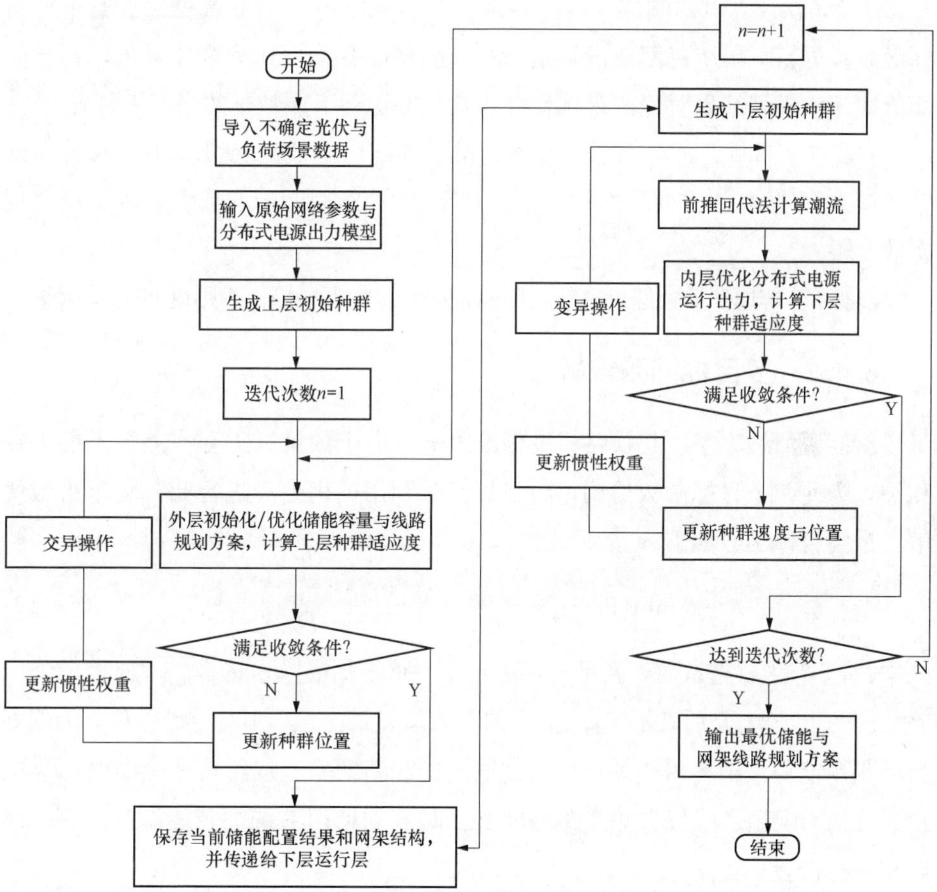

图 6-2　改进的粒子群优化算法流程

步骤 1：导入光伏出力与负荷数据与配电网结构相关参数。

步骤 2：初始化上层粒子种群，对新建线路及储能选址进行二进制编码，生成粒子位置与速度。

步骤 3：计算种群适应度，得到配电网网架线路走向和储能选址地点，筛去不合理的规划结果并更新种群位置。

步骤 4：重复步骤 2～3 至达到收敛要求，即上层的规划成本连续 10 次前后迭代的差值不超过 300 元或达到上层迭代次数上限。

步骤 5：将上层所得的规划方案导入下层并初始化下层种群，对每个储能容量整数编码。

步骤 6：计算电网潮流、线路裕度、分布式电源出力等数据，执行下层目标函数，更新下层所有网架规划结果对应的储能容量个体和全体极值，将全体极值视为各规划结果对应的最优储能容量，并更新下层粒子的速度和位置。

步骤 7：判断是否达到下层收敛标准，即配电网线路裕度标准差和分布式光伏消纳率连续 10 次前后迭代差值分别小于 0.001 和 0.05 或者达到下层迭代次数上限。

步骤 8：若达到最大迭代次数，则停止搜索并输出结果；否则返回执行步骤 2。

6.4.2 多目标问题求解

新能源消纳率 f_{abs} 与线路裕度标准差 $F_{t,\sigma}$ 由于数量级上存在差异不能直接相加，为使两个目标函数协调，将目标函数利用模糊处理进行归一化求得最优解，最终目标函数如下

$$\min\left(\theta_1\frac{f_{\text{abs}}-f_{\text{abs}}^{\min}}{f_{\text{abs}}^{\max}-f_{\text{abs}}^{\min}}+\theta_2\frac{F_{t,\sigma}-F_{t,\sigma}^{\min}}{F_{t,\sigma}^{\max}-F_{t,\sigma}^{\min}}\right) \tag{6-19}$$

式中：θ_1、θ_2 为权重系数，满足 $\theta_1+\theta_2=1$，可根据需求来选择二者权重；$f_{\text{abs}}^{\max}$、$f_{\text{abs}}^{\min}$、$F_{t,\sigma}^{\max}$、$F_{t,\sigma}^{\min}$ 分别表示 f_{abs}、$F_{t,\sigma}$ 的最大值、最小值，其中 $f_{\text{abs}}^{\min}$、$F_{t,\sigma}^{\max}$ 为规划目标仅新能源消纳率时规划期内系统的新能源消纳率、线路裕度标准差；$f_{\text{abs}}^{\max}$、$F_{t,\sigma}^{\min}$ 分别为规划目标仅考虑线路裕度 $F_{t,\sigma}$ 时规划期内系统的新能源消纳率、线路裕度标准差。

6.5 配电网双层扩展规划模型

6.5.1 模型数据设置

以某地区配电网全年历史数据为基础，利用蒙特卡罗模拟和同步回代法对

生成的负荷和光伏出力场景进行削减，最终生成 5 个典型场景，结果如图 6 - 3、图 6 - 4 所示；典型日场景概率如表 6 - 1 所示。本章在 IEEE 33 节点配电系统基础上新增节点，并对修改后的 40 节点配电网系统进行测试。修改后的 40 节点配电网结构拓扑如图 6 - 5 所示。其中虚线为待建设线路，对应新增节点负荷及支路数据见表 6 - 2。

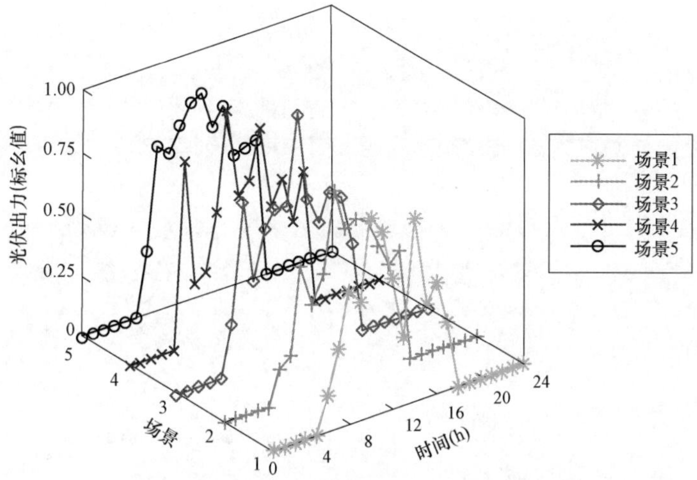

图 6 - 3　光伏场景削减后 5 个典型结果

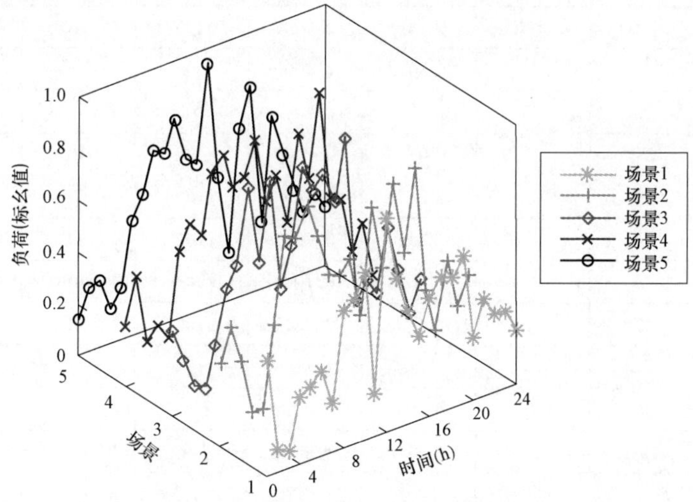

图 6 - 4　负荷场景削减后 5 个典型结果

表 6-1　　典型日场景概率

场景	场景 1	场景 2	场景 3	场景 4	场景 5
概率	0.16	0.13	0.19	0.31	0.21

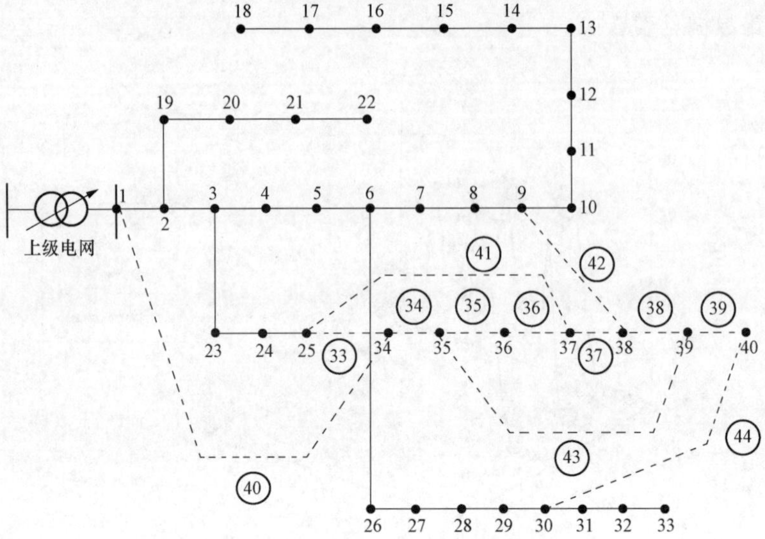

图 6-5　修改后的 40 节点配电网结构拓扑

表 6-2　　新增节点负荷及支路数据

支路	初始节点	末端节点	R（Ω）	X（Ω）	P（kW）	Q（kvar）	费用（万元）
33	25	34	1.3042	1.1006	100	60	55
34	34	35	0.8042	0.7006	100	60	59
35	35	36	1.0440	0.7400	90	40	52
36	36	37	0.7463	0.5450	100	60	50
37	37	38	0.8960	0.7011	100	60	48
38	38	39	0.8042	0.7006	60	40	70
39	39	40	0.4930	0.2511	100	60	55
40	1	34	2.7123	1.8155			80
41	25	37	2.2254	2.0512			64
42	9	38	1.9042	1.6554			59
43	35	39	2.0034	1.3745			60
44	30	40	1.8064	1.4745			65

相关规划参数设置如下。

（1）线路数据：为保证供电可靠性，对原 IEEE 33 节点系统的线路 1 - 32 进行保留，线路 33 - 44 为待规划线路，线路最大通过电流为 0.4kA。

（2）光伏数据：PV 安装数量为 4 个，安装节点均为 6、17、24 和 30，运维成本为 0.35 元/（kW·h）；弃光惩罚费用为 0.50 元/（kW·h）。

（3）ESS 数据：储能类型为电池储能，待选安装节点为 2 - 40，即除了首节点外的其余节点均可安装，单位容量投资成本为 1000 元/（kW·h），单位功率建设成本为 1500 元/（kW·h），单位容量运维费用 0.35 元/（kW·h），一个周期内始末荷电状态为 0.5，荷电状态上限和下限分别为 0.9 和 0.2，充放电效率为 0.95。

（4）其他参数：节点电压范围为 0.95 标幺值～1.05 标幺值，碳排放的单位惩罚成本为 80 元/t，发电机组单位发电量的碳排放量设置为 0.798t/（MW·h）；贴现率 5%。

所有的测试通过内嵌 YALMIP 工具包的 Matlab R2019b 平台并调用 Gurobi 10.0 求解器进行建模和求解。

6.5.2　不确定性对规划结果的影响

为比较光伏和负荷不确定性对配电网扩展规划的影响，分别设置仅考虑光伏不确定性、仅考虑负荷不确定性和同时考虑源荷不确定性下的三种对比方案，其与历史数据下的确定性规划结果对比如表 6 - 3 所示。由表 6 - 3 可知，与使用历史数据下的规划相比，考虑了不确定性的方案在年综合投资成本上略有增加，但在新能源消纳率方面都有所提高，同时能够降低向大电网购电成本和配电网线路裕度标准差。而同时考虑了源荷不确定性下的规划结果对比于仅考虑光伏和负荷不确定具有更高的新能源消纳率，分别提升了 3.5%和 3.85%，在线路裕度标准差方面也分别降低了 6.1%和 7.4%。

表 6 - 3　不同场景下的配电网扩展规划结果对比

规划结果	历史数据	光伏不确定	负荷不确定	源荷不确定
线路扩建投资成本（万元）	414	414	414	414
电池储能投资成本（万元）	153	160	165	179

续表

规划结果	历史数据	光伏不确定	负荷不确定	源荷不确定
光伏运维成本（万元）	4.02	4.48	4.51	5.12
电池储能运维成本（万元）	192.54	199.05	203.41	215.35
向大电网购电成本（万元）	385.10	376.42	378.93	367.99
线路网损成本（万元）	68.32	68.70	69.20	64.24
碳排放成本（万元）	82.66	74.56	75.24	79.58
年综合成本（万元）	1299.61	1297.21	1310.29	1325.28
光伏消纳率（%）	87.56	89.13	88.78	92.63
线路裕度标准差	0.0348	0.0346	0.0351	0.0325

6.5.3 不同策略下的规划结果与分析

为比较所提策略与其他策略的优缺点，考虑以下 3 种案例：案例 1 所提协同规划模型，即兼顾经济性成本与网架线路载流裕度；案例 2 在案例 1 的基础上不考虑线路载流裕度的配电网扩展规划；案例 3 在案例 1 的基础上不考虑储能装置的配电网扩展规划，即传统的配电网扩展规划策略。算例设置的三种方法均采用相同规格的分布式光伏设备，且都考虑光伏和负荷不确定性。

通过仿真计算，案例 1 和案例 2 配电网各项扩展规划成本对比如表 6-4 所示，网架线路规划结果分别如图 6-6 和图 6-7 所示，两种案例下的平均线路裕度如图 6-8 所示。

表 6-4　　案例 1 和案例 2 配电网各项扩展规划成本对比

规划结果	案例 1	案例 2
线路扩建投资成本（万元）	414	389
电池储能投资成本（万元）	179	147
光伏运维成本（万元）	5.12	8.71
电池储能运维成本（万元）	215.35	76.92
向大电网购电成本（万元）	367.99	422.95
线路网损成本（万元）	64.24	118.83
碳排放成本（万元）	79.58	91.36
年综合成本（万元）	1325.28	1254.77

续表

规划结果	案例 1	案例 2
光伏消纳率（%）	92.63	90.06
线路裕度标准差	0.0325	0.0342

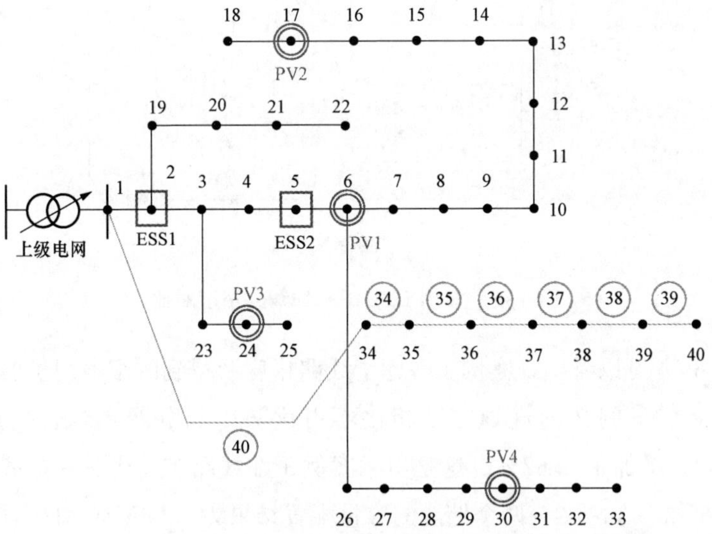

图 6-6　案例 1 配电网线路规划结果图

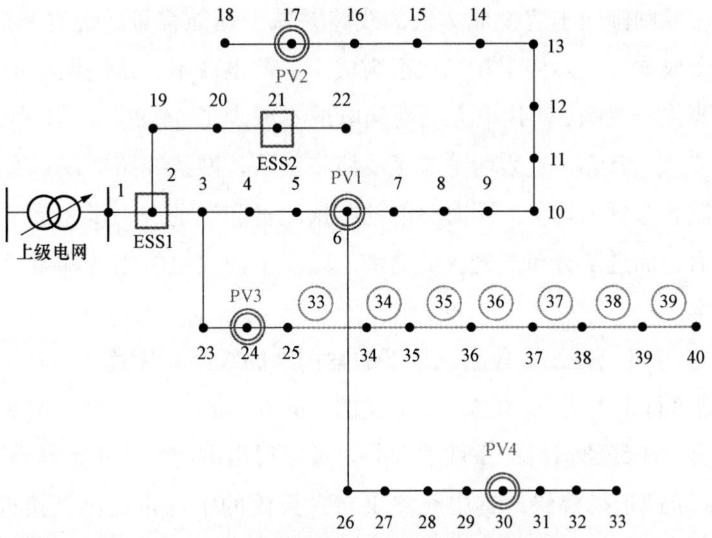

图 6-7　案例 2 配电网线路规划结果

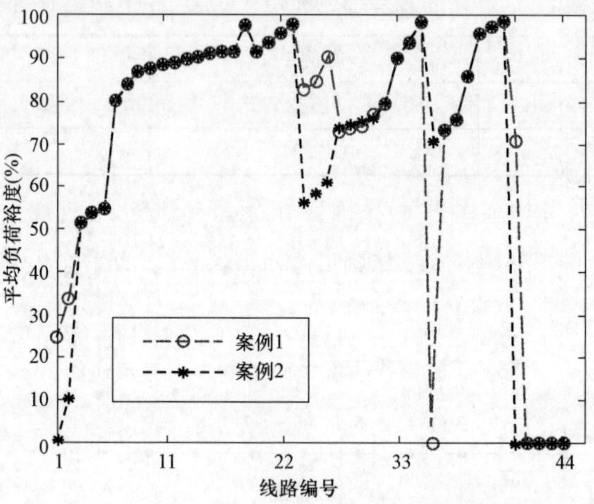

图 6-8　案例 1、2 下平均线路裕度对比

从表 6-4 可以看出，案例 1 考虑了线路裕度后得到的配电网扩展规划方案在经济性上与案例 2 的规划方案相比不占优势，配电网年综合费用增加了 70.48 万元，增加了 5.62%。这是由于案例 1 在线路扩建中选择的线路是 40-34-35-36-37-38-39，两个储能的容量配置结果为 1.03MW 和 0.76MW，而案例 2 在规划中选择的线路是 33-34-35-36-37-38-39，两个储能的容量配置结果为 0.63MW 和 0.54MW，说明当规划模型未计及线路裕度时，配电网网架线路布局则倾向于建设成本低的线路并减少储能容量的配置和运维费用，以降低投资成本。但案例 1 在光伏运维成本、购电成本、线路网损成本和碳排放成本上要优于案例 2，其中大电网购电成本减少了 54.96 万元，线路网损成本减少了 54.56 万元，这表明考虑了线路裕度后，网架线路的规划布局更加合理并使潮流分布更为均匀；同时储能的容量配置和选址进一步优化了网架通道的传输能力，促进了分布式光伏的消纳，减少了向火电机组的购电量，降低了碳排放成本。

由图 6-8 可以得知，典型场景下的案例 1 的线路裕度优于方法 2，且案例 1 的线路裕度标准差为 0.0325，优于案例 2 的 0.0342，潮流更为均衡。根据王奇伟等提出对于线路运行严重性的划分，可以得出案例 2 在典型场景下线路 1、2 已处于高负载运行等级，其中线路 1 在一天内的平均裕度已经接近于 0，为 0.6887，如不及时提升网架线路的传输能力，将对配电网的稳定运行带来极大的危害，也难以满足其下游通道的负荷需求。方法 1 通过合理的规划，对线路 1、2 的裕度进行了提升，使其能够脱离高负载运行状态，同时也对其他线路的传输能力进行了一定的优化，提高了线路对于不确定条件下应对能力和新能源消纳程度。

同时，将案例 1 和案例 3 的经济性和线路裕度进行对比，各项规划费用如表 6-5 所示，案例 3 配电网线路规划结果如图 6-9 所示，两种案例下的平均线路裕度如图 6-10 所示。

表 6-5　　　　案例 1 和案例 3 配电网扩展规划费用对比

规划结果	案例 1	案例 3
线路扩建投资成本（万元）	414	428
电池储能投资成本（万元）	179	0
光伏运维成本（万元）	5.12	0.44
电池储能运维成本（万元）	215.35	0
向大电网购电成本（万元）	367.99	446.19
线路网损成本（万元）	64.24	82.30
碳排放成本（万元）	79.58	96.38
年综合成本（万元）	1325.28	1053.31
光伏消纳率（%）	92.63	86.17
线路裕度标准差	0.0325	0.0323

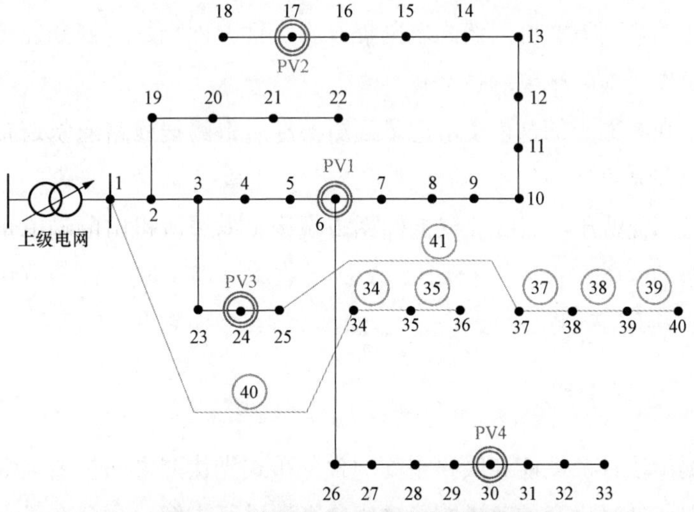

图 6-9　案例 3 配电网线路规划结果

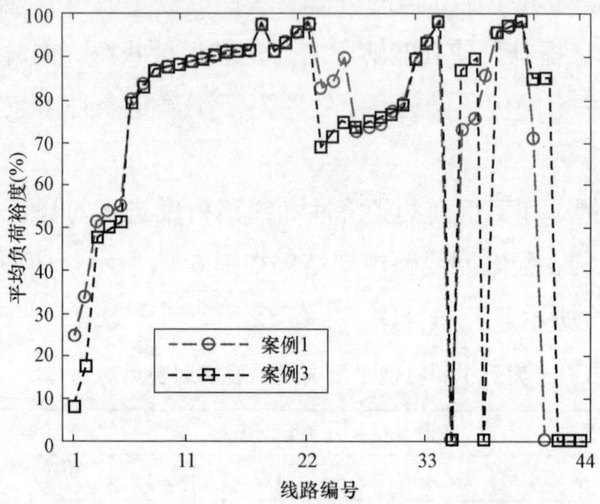

图 6-10　案例 1 和案例 3 的平均线路裕度对比

从表 6-5 可知，案例 1 考虑了储能后的规划方案比案例 3 高了 271.97 万元，这是由于案例 3 没有储能投建和运维的费用，但是在大电网购电成本、线路网损成本和碳排放成本上分别减少了 78.20 万元、18.06 万元和 16.80 万元，因为储能能够低储高发，并参与到配电网潮流分布的优化之中。由图 6-10 可知，虽然案例 3 的线路裕度标准差达到了 0.0323，在数值上更优于案例 1，但是线路 1、2 仍处于高负载运行状态，随时有阻塞线路通道的可能，难以应对极端条件。并且案例 3 在光伏消纳上远不及案例 1，相差了 6.46%。由此可见，考虑了储能的规划方案可以使配电网提升安全性，即牺牲一部分经济性来换取更高的稳定性，保障配电网的运行。

最后，在案例 1 的基础上对改进前后的粒子群算法收敛效果进行对比，结果如图 6-11 所示。

由图 6-11 可知，与标准粒子群算法相比，采用所提的改进粒子群算法不仅具有更快的收敛速度，即在迭代 32 次时收敛，求得的目标函数也更优，由此可知算法具有有效性。

6.6　本章小结

本章提出了计及储能和线路裕度的含分布式光伏配电网扩展规划模型以模拟实际工况，通过嵌套的改进粒子群优化算法进行求解，为分布式电源接入下

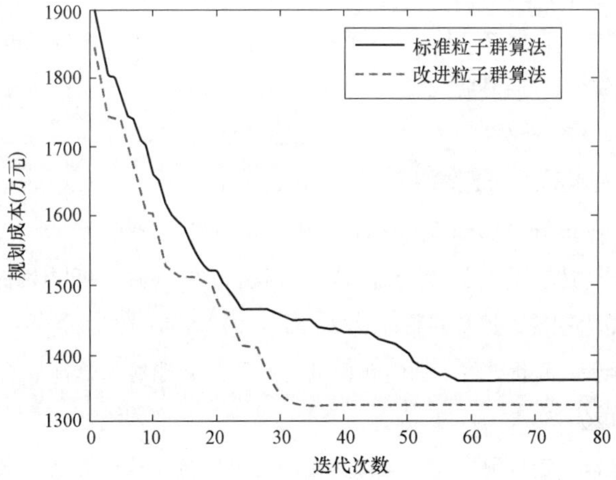

图 6-11　两种算法求解结果对比

配电网的规划提供了一定思路，最后通过算例仿真结果得出了以下结论：

（1）与传统配电网扩展规划相比，考虑了储能设备的扩展规划模型虽然在经济性上不占优势，但能通过储能功率的灵活调节以有效降低网络损耗、火电机组购电量和碳排放成本，并使整个配电网系统处于更加安全的运行状态。

（2）在规划模型中考虑配电网网架线路裕度指标能够使配电网扩展规划得到更合理的网架布局，使最容易出现阻塞情况的线路脱离高负载运行状态，系统潮流更加稳定，规划结果更具备可靠性和发展长远性。

（3）同时考虑了光伏出力与负荷波动不确定性下的策略在规划成本上略高于确定性结果，但在光伏消纳率和线路裕度标准差上得到了较好的优化提升。且改进后的粒子群算法具有更快的收敛速度和优化结果，与标准粒子群算法相比更为有效可行。

参　考　文　献

[1] 王洪坤，王守相，潘志新，等．含高渗透分布式电源配电网灵活性提升优化调度方法［J］．电力系统自动化，2018，42（15）：86-93.

[2] 朱险峰，吴会宝，孙佳伦．基于主从博弈的配电网扩展规划［J］．电网与清洁能源，2023，39（05）：85-92.

[3] 刘子旭，米阳，卢长坤，等．计及需求响应和风力发电消纳的电-热系统低碳优化调度

[J]．上海交通大学学报，2023，57（7）：835-844.
[4] 伍也凡，刘浩田，肖振锋，等．考虑源-网-荷不确定性的增量配电网规划研究综述[J]．电力系统保护与控制，2021，49（8）：177-187.
[5] ASENSIO M，MUÑOZ-DELGADO G，CONTRERAS J. Bi-level approach to distribution network and renewable energy expansion planning considering demand response [J]. IEEE Transactions on Power Systems，2017，32（6）：4298-4309.
[6] 李吉侗，王洲，达紫祺，等．计及恶劣天气时空相关性的弹性配电网储能电站多层规划方法[J]．电力系统保护与控制，2023，51（09）：128-137.
[7] 刘沅昆，张维静，张艳，等．面向新型电力系统的新能源与储能联合规划方法[J]．智慧电力，2020，50（10）：1-8.
[8] 刘自发，于普洋，李颉雨．计及运行特性的配电网分布式电源与广义储能规划[J]．电力自动化设备，2023，43（03）：72-79.
[9] 曹新慧，车勇，司政，等．广域储能电站定容-选址一体规划[J]．中国电力，2022，55（7）：110-120.
[10] 宫建锋，周宗川，靳盘龙，等．考虑灵活性的交直流混合配电网储能双层规划[J]．电力建设，2022，43（7）：48-55.
[11] KOUTSOUKIS N，GEORGILAKIS P，HATZIARGYRIOU N. Multistage coordinated planning of active distribution networks [J]. IEEE Transactions on Power Systems，2018，33（1）：32-44.
[12] JOOSHAKI M，ABBASPOUR A，FOTUHI-FIRUZABAD M，et al. MILP model of electricity distribution system expansion planning considering incentive reliability regulations [J]. IEEE Transactions on Power Systems，2019，34（6）：4300-4316.
[13] 邢海军，程浩忠，杨镜非，等．考虑多种主动管理策略的配电网扩展规划[J]．电力系统自动化，2016，40（23）：70-76.
[14] 吴志，刘亚斐，顾伟，等．基于改进 Benders 分解的储能、分布式电源与配电网多阶段规划[J]．中国电机工程学报，2019，39（16）：4705-4715+4973.
[15] 曹锦，陆飞，江友华．基于改进粒子群算法的配电网多目标优化控制[J]．电网与清洁能源，2022，38（05）：95-103.
[16] 马望，高红均，李海波，等．考虑智能软开关的配电网灵活性评估及优化调度模型[J]．电网技术，2018，43（11）：13-21.
[17] 赵海洲，陈建凯，杨海跃，等．考虑传输能力的含分布式电源配电网扩展规划方法[J]．电力自动化设备，2021，41（12）：70-77.

[18] 高红均，刘俊勇，魏震波，等．主动配电网分层鲁棒规划模型及其求解方法［J］．中国电机工程学报，2017，37（5）：1389-1401.

[19] 胡邦安，刘友波，许立雄，等．考虑重构策略的配电网可靠性增值服务双层博弈模型及其求解［J］．中国电机工程学报，2023，43（24）：9496-9509.

[20] DENG Z，ROTARU D M，SYKULSKI K J. Kriging assisted surrogate evolutionary computation to solve optimal power flow problems［J］. IEEE Transactions on Power Systems，2020，35（2）.

[21] 杨晓辉，张柳芳，吴龙杰，等．含考虑IDR的冷热电联供微网的主动配电网经济优化调度［J］．电力系统保护与控制，2022，50（3）：19-28.

[22] 魏震波，郭毅，魏平桉，等．基于IGDT的电-气互联综合能源系统多目标扩展规划模型［J］．高电压技术，2022，48（2）：526-537.

[23] 杨若浦，刘佳，曾平良，等．考虑多元异质源荷相关性的区域综合能源系统规划［J］．电力系统自动化，2022，46（16）：31-39.

[24] 王奇伟，姜飞，马瑞，等．基于状态转移的风电并网下线路潮流分析［J］．电网技术，2013，37（7）：1880-1886.